U0318084

汪永晨　著

绿镜头

III

全球气候变化在世界第三极

中国环境出版社·北京

图书在版编目（CIP）数据

　源:全球气候变化在世界第三极/汪永晨著． --北京:中国环境出版社，
2011.12
　（绿镜头；3）
　ISBN 978-7-5111-0805-0

　Ⅰ．①源… Ⅱ．①汪… Ⅲ．①极地区－气候变化－研究－中国 Ⅳ．
①P468.2

　中国版本图书馆CIP数据核字(2011)第247207号

出 版 人	王新程
责任编辑	陈金华
助理编辑	宾银平
责任校对	尹　芳
装帧设计	彭　杉

出版发行　中国环境出版社
　　　　　　（100062　北京市东城区广渠门内大街 16 号）
　　　　　　网　　址：http://www.cesp.com.cn
　　　　　　电子邮箱：bjgl@cesp.com.cn
　　　　　　联系电话：010-67112765（编辑管理部）
　　　　　　　　　　　010-67113412（教材图书出版中心）
　　　　　　发行热线：010-67125803，010-67113405（传真）

印　　刷	北京中科印刷有限公司
经　　销	各地新华书店
版　　次	2014 年 10 月第 1 版
印　　次	2014 年 10 月第 1 次印刷
开　　本	787×960　1/12
印　　张	20.5
字　　数	200 千字
定　　价	75.00 元

目录

保护好江源圣洁的生命之水

认识汪永晨已经有几年了，一直非常钦佩她保护江河的勇气和锲而不舍的精神。而读她写的书，则是最近的事。特别是有幸作为第一读者，拜读了她即将出版的《绿镜头III 源：全球气候变化在世界第三极》，使我对她的了解更进了一步。

作为记者同行，我不仅看到了她对大自然的尊重与敬畏，对保护环境的热情和毅力，而且更感受到了她对环境恶化、对养育了华夏十几亿人的江源遭受破坏的忧虑与困惑。她用自己的行动、自己的笔，就是要将江源的真实情况告诉读者，希望每个人都关心江源，共同努力，保护好那从冰川"滴"出来的圣洁的生命之水。

水是生命之源。这个道理无人不知。中国是一个严重缺水的国家，气候变化和毫无节制的人为因素，使可以作为人类饮用水水源的江河湖泊，储水量日渐减少，地下水超采严重，而且还有工业污染、农业污染、重金属污染等数不清的污染源，构成对饮用水水源的极大危害，很多水专家和环保专家都对已经存在的饮用水危机忧心忡忡。

2009年，一直关注江河的汪永晨与和她一样有着责任感和使命感的专家杨勇先生及记者同行，踏上了应对全球气候变化、为中国找水的征程。这是一次民间考察，目的是调查了解全球气候变化对世界"第三极"青藏高原的影响。本书则是对此次独立考察过程的真实记录。

这本融入了作者真实情感的纪实之作，以个性化的语言，娓娓道来，引领读者身临其境地去感受考察者的艰辛与喜怒哀乐。

江源无路，看似一片平地，车开进去就成了陷阱。无数次的陷车，需要人走进沼泽或冰河中拉、拽，我体味到了刺骨的寒冷与无奈；江源区的天就像孩子的脸，说变就变，下冰雹就像家常便饭，随时会有鸡蛋大的冰雹砸在身上、头上，我能感受到那份寒冷与疼痛。夜里的狂风恨不能将帐篷刮走、在无人区甚至连帐篷都不带，要有何等的毅力才能经受得住雨雪严寒的考验？给我印象最深的是，为了走近冰塔林并把它拍下来，汪永晨在海拔5 400米的江源行走了16个小时，被同伴找到，并在风雨冰雹中被架进帐篷时，已经剩下半条命。可她并没有害怕危险，而是遗憾没有拍到她苦苦追寻、并日渐减少的冰塔林。她就是以这种拼命三郎的精神，投身到江源的考察与保护中。

最让她不能忍受的不是考察的艰苦，而是对江源的破坏。在江源建大量的电站、修桥、开矿，使对江源的破坏、保护与发展经济的矛盾日益突出；到处立围栏剥夺野生动物的生存空间，人与自然的矛盾如何化解；冰川融化加剧、冰塔林几近消失，江源正经受着前所未有的威胁；对世界第三极的了解太少，资料困乏，甚至国家花几百万元建的考察站和现代检测设备都因无人会用而荒废着，为何无人过问？这让她感到愤懑、忧虑和不解。她在很多篇文章中提出了这些问题，表现了一个记者的责任与担当。

当然，江源考察不只是艰辛与困惑，也有美丽和兴奋。从作者的文字和图片中，我们可以领略江源的迷人风光和淳朴的民风，让人感到，那是一片圣洁的土地，不容许任何人去亵渎。谁要是不经意地破坏哪怕一小块草皮，绿绿的山坡第二年就会成为荒山。江源的美丽很脆弱，只能保护，不容许破坏。任何对自然的破坏，迟早会受到惩罚。人定胜天的想法大胆，但不符合科学。人们要懂得尊重自然、敬畏自然。这就是我从《绿镜头III 源：全球气候变化在世界第三极》中得到的启示。

在当今这个浮躁的社会，不少人已经成为急功近利的"经济动物"。我认为，如果能静下心来读完这本书，无疑可以净化灵魂。书中展示的江源的考察体验，是刺激而让人向往的，又是多数人一生都难以有机会做到的。但不用遗憾，只要读完全书，你就和作者一同走进了江源，一起了解江源，并爱上那片神奇的土地。

用拙笔写下对读《绿镜头III 源：全球气候变化在世界第三极》这本书的粗浅体会，也许词不达意，但要表达我的一份心愿：为了当代人的生存，也为了中华民族子孙万代的繁衍、生息，希望更多的人行动起来，共同担负起保护江源的重任。

李红梅

2011年9月12日

01 出发

AT THE HEADWATERS OF THE YANGTZE

2009年6月，有关金沙江建坝被环境保护部叫停的消息，一时间成了各大媒体关注的新闻。

6月11日环境保护部通报说，由于个别地区和企业，严重违反国家企业政策和环保规定进行项目建设，从即日起，暂停审批金沙江中游水电开发项目，同时五大国有电企之一的华能集团和华电集团，各有一家在建的水电站，被责令停工进行整改。

时间追溯到2003年6月，中国媒体从采访了贡嘎山脚下的高原湖泊木格措要修电站，到质疑岷江杨柳湖要建大坝可能破坏都江堰遗址起，热心环保事业的中国新闻工作者们开始了关注水电工程对生态、对移民影响的漫漫长路。

短短两个月的时间里，近180余家国内外媒体对杨柳湖大坝建设工程进行了报道，由于这些报道，最终使2003年8月29日四川省政府常务会议一致否定了杨柳湖电站建设项目。

与环境记者同时走上前台的还有众多的环保NGO（非政府组织）。此前，大量环保组织的工作仅限于宣传教育和从事象征性的志愿者活动，鲜有扭转决策的力量。而杨柳湖大坝事件之后，西南的怒江和金沙江先后成为环保组织与水电公司博弈的主战场。环保的力量成功地让温家宝总理就怒江水电开发作出了"慎重研究，科学决

走向江源，为中国找水

策"的批示，也让金沙江上规划中的虎跳峡项目悬置至今，让在建中的溪洛渡电站一度停工，让违规施工的龙开口和鲁地拉两个项目被环境保护部紧急叫停。

然而，也就是在"怒江争坝"前后，大量围绕着是否需要开发水电的争议，开始游离出具体的问题之外，变成了要"敬畏自然"、"保留生态河流"等无解的话题。

在媒体和民间社会对能源开发与江河保护密切关注的时候，在全球气候变化日益影响了人类的生存时，横断山研究会首席研究员杨勇还没有洗去带记者们去金沙江采访的征尘，又举旗踏上了为考察全球气候变化对世界"第三极"青藏高原的影响，要在中国西北内陆河流、大陆性冰川、五大沙漠水资源独立考察，为中国找水的征程。

其实，杨勇已经在2006—2007年夏、冬两季，就开始了南水北调西线工程的独立考察。

通过2006—2007年夏、冬两季南水北调西线工程的独立考察，杨勇认为，西线调水工程存在着调水源区自然环境迅速退化、水资源量可持续性不足，调水河流正在进行前所未有的大规模水电开发建设，调水工程规划区地质构造背景复杂、生态影响面广、冬夏冰封期长、水文情势变化大、水资源分配矛盾突出、工程投资浩大、社会经济效益难以实现等重大风险。

杨勇还注意到，西北地区及黄河上游流域水资源没有得到充分利用，并且有较大潜力，特别是西北几大山系冰川储量及消融量较大，沙漠地下水和内陆水系水资源较为丰富。只是由于长期以来的不合理利用和不被人们重视而被低效利用、自然蒸发和消失在茫茫戈壁沙漠中。粗放型的产业发展和水资源浪费、水环境污染也是造成西北地区水资源困境的主要原因。

为了寻求解决西北及黄河上游干旱缺水地区水资源紧张局面的方法，杨勇又于2009年5月—10月对昆仑山脉、祁连山脉、天山山脉及西北地区其他几大山系的冰川及冰川径流和西北内陆水系、五大沙漠、黄土高原等进行地毯式考察，提出这些冰川径流和内陆河流水资源科学利用的可能性，并提出作为南水北调西线工程的替代建议。

2006年7月5日至10月18日，杨勇和一些民间人士完成了对青藏高原长江源区以及黄河源、澜沧江源、怒江源、雅砻江源、大渡河源的独立考察，旨在对正在规划的南水北调西线工程调水源区的自然环境状况和工程规划区的地质、水文进行考察和研究。这是杨勇20余年来对青藏高原江河考察研究的又一次较为全面的独立考察活动。

杨勇一直对西线调水规划和西南水电建设现状极为担忧，这可能是中国继20世纪50年代至90年代大跃进、大炼钢铁和森林采伐过后又一次对自然生态系统的重大影响，所造成的后果将是更为沉重的！

通过这次考察他们注意到，南水北调西线工程调水源区没有被纳入工程可行性研究论证的范围，而这应是决定这项工程成败的关键。

杨勇还认识到一个很重要的问题，就是源区水系和工程规划在高海拔地区的水库坝群都有一个冬季封冻的过程，长达几个月的河流和水库封冻会影响调水。另外，所产生的冰凌现象将产生河流凌汛，危及水坝安全，长距离回水，水库淹没当地牧民越冬的牧场，等等。这些如此重大的问题都没有被规划部门所重视。

因此，杨勇等人在夏季考察的基础上，于2007年对该区域再次进行了冬季考察，以就上述问题进行求证，希望决策部门给予重视。

同时，还要对上述诸调水河流的西南横断山地区和黄河上游水电集群式开发态势与调水规划所产生的矛盾，以及对河流自然生态系统造成的隐患进行评估，力求达到维护河流命运的目的。

"南水北调"是中国历史上规模最大的水利建设工程，在人类历史上也是前所未有的，令世人瞩目。2002年12月国务院批复了"南水北调"总体规划，工程总目标是从长江流域向黄河流域和我国北方地区调水488亿米^3／年，其中东线188亿米^3／年，中线130亿米^3／年，西线170亿米^3／年，形成中国国土上"四横三纵"的水网格局，实现水资源南水调配、东西互济的重新配置。工程总投资5000亿元人民币（按2000年不变价静态投资）。

进入21世纪以来，"南水北调"东、中线工程相继开工，西线工程紧锣密鼓，按国务院的批复精神，黄河水利委员会力主在2010年以前开工建设。

杨勇说：我们注意到，西线工程涉及的地区是中国西南山地生物多样性热点地区和中国主要河流的发源区和分布区——青藏高原，被誉为中国和亚洲的水塔。同时也是地质构造活动极其发育的区域。"南水北调"西线工程将毫无置疑地对该区域生物多样性和自然生态系统带来深刻影响。因此，很有必要尽快对此开展独立研究评估工作。

在保护国际关键生态系统合作基金（CEPF）的支持下，杨勇等人于2006年6—12月和2007年1—3月奔赴青藏高原，对长江三源地区和黄河上游以及西线工程规划调水河流（通天河、大渡河上游水系、雅砻江上游水系）10余万平方公里区域进行了科学考察探险。通过富有成效的研究成果，引起了国家的重视，推动了全社会对这项工程的关注，影响了政府的决策。目前西线调水工程决策放缓，一系列重大问题将进行重新论证。

这是中国历史上以公民社会的科研成果来参与国家重大经济建设项目的一次行动，其意义和影响是深远的。

2007年1月初—3月底冬季考察；

2009年6—11月应对全球气候变化，为中国找水2009年考察研究目标：

1．昆仑山脉、祁连山脉冰川面貌及演变趋势；

2．西北地区冰川总储量及消融量（状

杨勇在出发前

态）；

    3．冰川径流（河流）水文情势及蒸发规律；

    4．冰川径流（河流）利用现状及新疆坎儿井工程；

    5．西北几条内陆沙漠河流消失的案例，如昆仑河、罗布泊、民勤水系等；

    6．冰川河流蓄水工程的可行性。

    对于我来说，此次和杨勇同行还有另一个期盼。1998年我曾随长江源第一支女子科学考察队到了长江源头姜古迪如冰川，我拍到了壮观的长江源的冰川、长江源的网状水系和长江源的高原沼泽草甸。

    10年过去了，不知再去，那里会是什么样子？

    2007年冬天，杨勇去长江源回来后在我们的绿色记者沙龙上说，我1998年拍到的

出发了

冰川都已经融化了。

　　这次我还是要亲眼去看看，我们母亲河的源头到底是什么样子了？我想再把它们拍下来告诉今人，也留给后代。

　　今天是一个出发仪式，真正出发，是2009年6月18日。

02 走在龙门山

主破裂带灾区

龙门山主裂带的滑坡群

　　2009年6月19日，我们从成都出发，经江油到平武，穿行在龙门山地震带。一路上，地震给这一峡谷带来的影响依然随处可见。

　　杨勇告诉我们，现在我们所走的平通河到南坝这一路，就属于龙门山5·12地震主破裂带。

　　2008年汛期考察这段涪江上游峡谷时，杨勇他们发现了该江段分布着大量的次生地质灾害。在众多密集的泥石流暴发和埋没的地段摧毁了沿江很多村落。

　　我们这次之所以走这条线路，也是要考察一下在2009年汛期即将来临之际，这里是否还会继续受到泥石流灾害的威胁。

　　今天一路上，让我甚为担忧的还有，在刚刚遭受地震灾害巨大影响的河道里的挖沙。这种挖沙活动，无论是从景观上，还是从地质次生灾害的威胁上，或是河流自生修复上，应该说都可用这两个字"可怕"来形容。

平通河边堆的沙石

今天的一路上，我们也看到了大自然的生命力之顽强。

很多泥石流的冲积扇上，还有泥石流沟内，正在生长出绿色的植被。

这些绿色，让我们感受到的不就是大自然的生命力，以及大自然的自我恢复能力吗？这些生命力，和灾后需要重建的老百姓在泥石流沟口采集建筑沙石形成了较量。

杨勇告诉我们：这样过度地采沙，对这些正在修复中的山体和泥石流多发地区的稳定性是极为不利的，甚至会加剧汛期泥石流的灾情。

记得在我们2007年的"江河十年行"中，水利水电专家刘树坤教授就给我们讲过，一条河流的生命力表现在三个连续性上。一个是水流的连续性；一个是生物多样的连续性，像水中的鱼等水生生物；再一个就是水中流沙的连续性。这些流沙既是河流中的营养物质，也是河流自身结构的连续性。像三峡大坝修建以后，让很多专家没有预先想到的清水下泄，就是泥沙被大坝拦在了上面造成的。而清水下泄的危害是：没有泥沙的河水带来的水下结构改变后的崩岸和滑坡等地质灾害的频发。

本来在河里采沙是需要采沙证的。可目前在5·12地震灾区，人们都在忙着灾后的重建，对沙石的大量需求，使得乱采现象到处都是，特别是在一些泥石流冲积扇旁。这对河流谷坡稳定性的破坏是非常大的，不能不令人担忧。

威胁，其实还包括杨勇说的一些泥石流沟口，老百姓的采沙和原址重建对他们自身的安全来说更是非常危险的。

作为地质学家，5·12地震后，杨勇一直在地震灾区做地震中及地震后次生灾害调查。他独立研究的成果已由科学出版社出版了一大开本的《龙门山地裂山崩》图集。有专家说，这是目前出版的最有科学价值的一本地震后有关地质科学的书。中国科学院也出版了一本地震遥感方面的图集，据说是用了几十个人，花了几千万元出版的。而杨勇这本图集，是他一个人带着一些记者和朋友，在几乎没有什么经费的情况下做出来的。《第一财经报》的记者，也是参加过我们"江河十年行"的高级记者章轲，从地震灾区和杨勇一起考察的现场给我发短信，说杨勇的考察简直是在玩命。可见其执着与危险。

今天在我们行走的路上，杨勇一直在说：从整个地震灾区的情况来看，灾后重建地的地质灾害评估工作非常薄弱。一方面是许多原地重建的老百姓缺乏防范灾害的意识；另一方面就是政府在这方面缺乏指导。

这两种缺失，已经导致了2008年9月份汛期地震灾区滑坡、泥石流次生灾害造成所在地人民群死群伤的惨剧。而现在，这种潜在的地质危险还在威胁着人民群众的生命安全。所以，作为科学家的杨勇路上跟我说了几次：希望通过媒体让更多的决策者和公众意识到，地震灾害之后，在有可能发生地质次生灾害的地方，既要迫切地提高老百姓的防范意识，也要我们的各级领导，在这方面加大指导力量和防范措施。

今天的平通河边

宝灵寺水电站

今天过了平通河，进入涪江上游以后，沿线公路还在进行着震后灾害治理，堵车极为严重。20世纪80年代我去九寨沟时走过这里，山清水秀。前些年也走过这里，在大力开发水电站的河里，水被截流后，有的河段已经是高山出平湖，没有了水的激流；有的江段则因电站引水只剩下裸露的河床。

我们看到涪江上游宝灵寺电站时，杨勇告诉我们，电站已经恢复蓄水，但没有达到正常水位。至于今后能不能恢复到当初设计的发电能力，还很难说。

不过，地震对宝灵寺电站有着致命的影响，目前滑坡还在它周边的大山继续造成塌陷。现在已经下沉了有20～30米。这一大滑坡如果继续下滑，将会阻断这一段峡谷型水库。

另外，在宝灵寺电站上面的南坝电站，地震后已经彻底废弃，现在是一片废墟。这片废墟造成的损失，至今没有人计算。

2009年3月，我和杨勇，还有一位美国志愿者一起去岷江支流草河考察时，像这样只剩下废墟的水电站布满了河道。美国志愿者问我们：在这样的地方建电站，给人民群众的生命带来了潜在的危害，给国家财产造成了严重的损失，震坏了就放在这儿，这些工程到底是谁埋单？

2009年6月，金沙江中游水电项目被环境保护部叫停后，中央电视台的记者请杨勇和他

涪江里的激流

绿家园志愿者在行进中

们一起到现场采访。站在金沙江的峡谷中，杨勇说：附近的山体本来就非常脆弱，电站让他们更加难以面对江水的冲击和浸泡。电站的建设有可能会让很多珍稀鱼种面临灭顶之灾，而电站建设也将导致更多山体滑坡的危险。更让杨勇担心的是，不仅是鲁地拉，金沙江上的8个电站都处在地震断裂带上。这也增加了电站本身的危险。

央视记者站在峡谷中时说的则是："我身后的这片湖泊叫作程海，这里的风景很美，但是程海是数百万年频繁的地质活动造成的，它就处在地震带上，从这里向南30公里的地方就是鲁地拉水电站，一旦发生地震，鲁地拉将首先面临威胁。不过，尽管金沙江上的大坝面临生态、滑坡、地震等多重考验，但是建坝的脚步从未减慢。"

在互联网时代，我们只要在网上点鲁地拉地震，一定会看到这样的消息：丽江鲁地拉电站突发泥石流灾害。事故已造成4人死亡、5人失踪、3人轻伤。

在鲁地拉2008年6月地震后一年，电站在已经截流后被叫停说明了什么呢？

在这样的峡谷中开发水利，我个人认为，除了对人的生命、河流的生命至关重要以外，我们也不应该忘记国家的财产。

已经多次到我们今天走的大山里来考察的杨勇还发现，地震中全部垮塌的南坝中学，现正在原地重建。

涪江水之绿，让我们的车开出地震灾区后又看到了大山的本色。我们知道，这段涪江的上游是王朗国家级自然保护区，那里可是大熊猫的家园，再上面是黄龙世界自然遗产地。涪江的清澈和保护区的遗产地是和这些年来的保护分不开吧？走在江边时，我这样问自己。

看着这绿绿的江水，杨勇说，涪江上面黄龙地质的钙华泉地貌，对水的透明度还是有一定影响。这是它绿得有些别样的因素。这绿，更重要的还是上游植被覆盖好。

明天，我们要继续进行应对全球气候变化、为中国找水的行程。希望明天我们眼前的大自然是真正的大自然。

03 仙女堡的

悲哀

昨天我们一直沿涪江而上到达平武县。平武县在5·12大地震中被定为极重灾区。

2008年5·12汶川地震，根据灾情和损失分为3个级别：一是极重灾区，有23万平米^2，主要是沿龙门山一带，平武县的南坝、水关乡；二是重灾区，11万平米^2，平武县县城为重灾区；三是次重灾区，40多万平米^2。

今天我们从平武出来，沿路走的是九寨沟、黄龙旅游环线的东线，九黄线是四川省的旅游黄金通道。如今，这条公路正在进行分段维修，其中也包括县城街道。

让我们没有想到的是，早上我们到街上找网吧上网，往回发江河信息时，几个当地人极为不满地告诉我们一些他们那里的问题。比如，一些本来被定为维修的房子，因所在地被开发商看好了，房子就要被拆掉。这些房子的主人大部分都是老人。在没有新房子时，每家一个月只给250元钱的补助。250元连租房子都不够，让人家怎么生活？再有就是，利用灾后重建之机，把本来好好的公路和街道拆了重修。

其实，这两天沿途我们也一直在看到很多水泥地面砸岩机，在一些很好的路面进行翻修。我早就听说这种做法在灾区的其他地方也很普遍。比如在雅安的芦山、宝兴，阿坝的小金，都在利用灾后重建的资金把前两年刚建好不久的路面进行重新改造。而灾区其他边远地区破坏严重的公路，真正需要资金支持重修的却没有修，甚至连维护的钱都没有。另外，一些和地震破坏无关的公路也趁机利用灾后重建资金进行无谓的改造。平武街上的老百姓不知道这样做是为了什么，只是很希望我们能把这事反映一下。

从平武出来我们继续沿涪江而上，一路上看到的水电站工地如火如荼一个接着一个。初步算了一下，三四十公里内，大概就有7个水电站。

大量的施工涵洞和大坝，以及灾后重建需要沙石的开采场，整个河床像是被翻了一遍。

涪江上灾后仍在建设的水电站

堆满钢筋水泥的峡谷

江边的涵洞

仙女堡大坝

　　本来，昨天我们刚离开平通河看到清澈的涪江时，都在感叹涪江的水真绿！可是今天一出来，江水骤然变浑，简直就成了泥浆状。杨勇说，他开始以为可能是昨天上游暴雨导致的山洪，也可能是涪江源头雪宝顶发生的冰川堰塞湖的溃决。结果一路走来才知道，这泥浆般的江水，是电站施工和开采沙石所致。

　　这两天的路途中，我们从网上得到信息，环境保护部准备对西南水电建设进行大排查，不知涪江上的这些电站，是不是也能进入这次排查之列。

草原公园

2001年，我曾经从黄龙到王朗路过这里。那时的涪江峡谷完全是原生态的大自然，水是跳着浪花的水，山是满眼绿色的山。

此行来自宜昌的姚华说，他是2003年来过这里。那时的涪江峡谷和仙女堡，山是山，水是水。今天，让他百思不得其解的是，几年不见，再看到的山和水怎么就会被破坏成了这样。水电站要修这么多吗？大自然能这么毁吗？姚华问杨勇。

杨勇说，这里的水电开发就是这两三年的事。今天我们看到的如此场面，很多是趁灾后重建之便搭车的结果。

这些电站的建设，实际上是完全脱离环保监管的。这个区域属于黄龙世界自然遗产地的外围，属于雪宝顶、王朗国家自然保护区。能在这个区域建设这么密集的水电站，不知道有关部门对这种现状，是不了解还是有其他的原因？如果说还需要找其根源，那在这一地域开发，对其生态系统影响的致命，是一定的。

黄河九曲第一湾

今天，我们的行程是非常有意思的。我们跨越了三大水系：从涪江水系进入了岷江水系，又从诺尔盖大草原来到黄河流域的九曲第一湾——唐克。我们追赶到照耀在黄河九曲第一湾日落的最后一缕彩霞。

在诺尔盖大草原上，我们看到这样一条大标语：你干我干大家干，为早日建成牧民定居地而战。

正在大干快干的是一些砖浑结构为草原生态

草原上自由流淌的小河

移民建造的定居房屋。它们就建在了大草原的泥炭层上。杨勇说，这样的房屋会带来两个问题：一是建在泥炭层上的房屋基础不坚固，可能会变形；二是因泥炭层含水量大，房屋很潮湿，牧民将来住进去后，对身体影响会很大。

当地的牧民们长期居住在大草原上，和大自然和谐相处。对他们来说，千百年来已经形成了自己完整的一套适应这种生活的方式。可是现在实施的牧民定居工程，却要让他们改变以往的生活方式。

在诺尔盖，晚上，我们问住地的牧民现在好，还是过去好？他们说：过去好。但是他们自己没有权利决定哪种方式。牧民们说现在不好，现在都被城市化了。原来好，比较自由。他们说，我们也不会做生意。不知当地政府在处理这些新问题时，是不是也应该广泛征求一下牧民的意见。不然，本是好心，却不一定是在办好事。好心办坏事真的就要出现了。

明天，我们有可能就要在黄河源头的帐篷里住了。令人向往。

记下这一时刻

04 走在黄河、

AT THE HEADWATERS OF
THE YANGTZE

长江的分水岭

昨天我们拍到了黄河九曲第一湾，夕阳下弯弯的黄河。那迷人的河水，很难让我们与平时常见的黄河相比。夕阳中的黄河是辉煌的，但毕竟天有点黑了，而且因为时间关系，我们选择的角度也不是拍九曲黄河第一湾的最佳位置。

今天早上6点起床后，我们爬到了九曲第一湾的黄河边，一座海拔3 620米的大山上。我们要从另一个角度拍摄我们母亲河"风华正茂"的美景。

昨晚，九曲第一湾的日落是在弯弯的、闪着光的河床里。今天，九曲的日出则是在霞光中的大山上。换了一个角度，从山顶上看九曲，不单是我们眼前的黄河又多了几道湾，同时那一道道弯弯曲曲的水，也让我们感受着母亲河在这里的孕育和成长。

从山上看山下那片藏族寺庙和民居时，看着看着我又忍不住问自己：他们的先辈把家安在了这样的大山中、这样的大河边，是一个好的选择吗？

这里的美，这里的人与天地同在，是我们人类经历了农业文明、工业文明，又在向往生态文明的典型之地。九曲的美、九曲的自由是不用说的。可这里的偏僻、这里生活的艰苦，也让这里的人一时半会儿还难以与现代生活接轨。

我们关注中国江河的记者、环保志愿者，第一次到怒江时，我问过同行的人，这么美的怒江，你们最长能在这儿住多久？很多人回答：首先要弄明白这里能不能上网，有没有手机信号，才能决定自己在那里能待多久。我说，假如什么都没有呢？记得那次很多人的回答都是不超过一个星期，最长是一个月吧，也有的说，最多3天。

今天我问同行的一位自称大自然爱好者的朋友，如果可以自由选择在九曲的一栋土屋里住，最长你能待多久？他说：有网络、有信号，能待3天，没有的话一天吧。

我想，这个回答，很说明我们今天所谓现代人的生活吧。我们有选择自己生活方式的空间，住在九曲边的牧民有吗？他们有蓝蓝的天、清澈的水、草原上的小花，我们，又有吗？

孕育大河的大山

山中的人家

我们有网络，知道天下事，享受不断进步的文明生活。而住在母亲河边的牧民，他们除了与大自然的美丽同在，陪伴他们的还有自家养的牛羊。

如果不是走进了这片大自然的天地之间，我可能也不会想这么多。只是过着大都市、城里人过的生活，知晓着每天从各种渠道获得的各种信息。只有走进了大自然，走在了天地之间的时候，我才有了这样的疑问。这个平时也常常在问的问题：到底什么是幸福，什么是快乐？在清澈的、弯弯曲曲的黄河边问，和在城里问

九曲边的民居与寺庙

清晨的九曲

时，脑海里出现的回答不一样。我也曾一次次地与周边的朋友一起讨论，随着走进大自然的次数和时间的增加，越发觉得古人怎么就能总结出如此深邃的说法：读万卷书，行万里路。

而每一次，在路上从大自然中再悟出的这些，也又一次得到了智慧的启蒙、思想的升华。

家在自然中

2009年6月21日早上，我们从阿坝州诺尔盖县唐克乡——黄河九曲第一湾出发，向诺尔盖大草原腹地进发。沿着一条颠簸的土路西行约80公里，我们就到了南水北调西线工程规划的最后一个枢纽——贾曲枢纽。

按规划，西线调水工程将在这里建一座66米高的大坝，这是为以接纳从通天河、雅砻江、达曲、泥曲、杜柯曲、玛可曲、阿可曲这些河流上的调水枢纽，通过输水隧洞，以自流方式输过来的水而在贾曲宽谷草原形成的高坝大库。

过了贾洛乡，进入宽阔的贾曲河谷地时，杨勇叫我们的车队停了下来。他指着这片河谷告诉我们，这个河谷已被我们人类规划了它未来可能的命运。

我们眼前的这片宽谷地，如果规划实施，就会是一大片水面。情绪有些激动的杨勇说：通过我们这几年多次考察认为，西线调水规划存在以下几个问题：

一、取水点水量和水质缺乏保障，并可能引发地方性疫病传播到下游流域。

1. 西线调水的7个取水枢纽均位于海拔3 500米左右的山原宽谷地带，并且都是这些河流的上游段或者源区。在这样的地理区域调水，水量缺乏保障。

2.7个高坝大库水的蓄水替换将会很漫长，有的需要几年甚至10年的时间才能将水库蓄满。

江源源区

这些源区河流的水都来自于高原沼泽和泥炭，本身就含有大量的腐殖层和有机物质。这些物质在这种替换周期很长的大水库中会进一步产生生化反应，调水水质难以得到保证。

同时，近年以来，这个区域已经发现通过水传播的包虫病疫情，直接导致了大量牲畜的死亡。在这种水文状况下的调水枢纽是很难保证把优质的水源输入黄河中去的，甚至还会将一些传播性很强的地方性疫情传播到黄河流域。

3. 在这样高海拔区域，每年将有4～5个月的河流冰冻期，大部分的河流将在冬季全部封冻。这将导致一年中有好几个月的时间不能实施调水，甚至还会进一步加剧黄河上游的冰情、凌汛。

2009年3月，我们绿家园志愿者到壶口种树，就看到因黄河上游凌汛的炸冰，使得壶口瀑布突遭大水，景区设施遭到摧毁性的破坏，直到春暖花开时，还有厚厚的冰冻布满壶口瀑布。壶口一改昔日奔腾咆哮的样子。周边为旅游修的栏杆等设施全都毁于冰水的"袭击"和大冰的覆盖。

二、西线调水七大枢纽均规划在横断山北部的高原与山地峡谷的过渡地带，是四川和青海的重要牧区。这里山体浑圆、谷地宽阔、河床平缓。规划中的高坝一旦形成，将在这一区域形成广阔的水域，淹没大量的牧区，将给传统牧区和众多寺庙带来深刻影响。虽然这里的人口不多，但却是世世代代靠着自己的文化、自己的传统与大自然和谐相处的多民族人群。要是让他们搬家，影响到的不仅仅是生态，还有文化、传统以及人类与自然相处的生活习俗。

三、这个区域是中国大地构造体系的复合、交接、重叠区域，地质背景极其复杂，并且有几大地震活动带。如此超大规模的高坝大库群将面临很大的地质风险。

这次我们出发前，环保部刚刚暂停金沙江水电项目的审批。杨勇这些年的研究和呼吁也引起了专家学者们的高度重视，一路上都有记者打来电话采访他。全国政协环资委的领导还紧急让杨勇把有关西线调水和西南水电开发涉及的关键问题，以及解决这些问题的对策迅速电传过去。

写到这儿时，我们已经是在海拔4 600米的玛多县境内了。昨天晚上我们住的白玉乡没有电，为了赶上每天发的江河信息，今天这篇我是坐在车上，在一路的颠簸中写完的。

在海拔4 600米高原的土路上，写下这篇科学家杨勇的担忧，是因为我和他一样着急，一样希望我们多年来对江源的调查、对江源的记录、对江源的思考能引起决策者的关注，能引起更多公

太阳能在江源的使用已经很普遍

在路上

众的认知。

　　我们做事总要讲个性价比，为了下游人的用水，就影响甚至破坏江源的生态？这种破坏，将会给我们人类带来灾难，不应该只是杨勇这样的科学家担忧。

　　如果，今天能有更多的人认识到这些，还可亡羊补牢。

　　如果，还在一味地以人的需求就任意调动自然，明天的灾难我们的后代能承受得起吗？

　　今天，一路上我们碰到很多牧民在转场。这种游牧生活，我认为是今天江源还能保留着原生态的重要原因所在。夏季牧场一般在高山上，这里的牦牛可说是个个体肥腰壮。

　　今天我们跨越了黄河水系和长江水系的分水岭，进入长江第一大支流大渡河源区。两大流域在四川、青海两省交界的山原中发育，涓涓细流，汇成网状小溪，流淌到各自的水系中。

　　公路在两大水系间穿行、盘旋，让我们看到了大江大河源头的乳汁是如何孕育江河，又是如何哺育生活在大江大河两岸的一切生灵的。

　　不到江源，是很难想象如此大的河流是怎样在这样的大山中从小到大、从细到宽，流入各自的水系中的。

　　有意思的是，今天这一路，我们一会儿是在长江支流大渡河边急驶，一会又在黄河边穿行。在天水间行走的我们，找到了如同回到母亲怀抱的感觉。

　　云南学者侯明明昨天给我发来短信：请转告杨勇，冰川和沙漠是重要的能量、物质和信息的储存系统和调节阀，生态环境极其脆弱，勿轻言调水！找水来浪费，还影响生态平衡，不合算！我建议改变思路，把水价提高，用好现有的水！

孕育母亲河的天地间

　　我非常同意这位学者的意见。我们此行的找水，其实从前面杨勇在贾曲河谷叫停我们的车也可看出，这次考察，就是想为把地球上的水用在应该用的地方提出我们的思考与建议。为的也不仅仅是今天，还有明天和未来。让不该开采的水，恢复其原来的面貌。西部不用我们再造，西部人过去靠自己的文化、宗教、习俗守住了今天我们能看到的原生态。大自然需要我们做的，是对它的尊重，是给它以本有的自由。

　　今天，我们是走在长江与黄河的分水岭间，明天我们将会走在黄河与大渡河的交错中。世界第三极，我们的青藏高原就是这样神奇，那么多大河在这里诞生，在这里孕育。能在这里好好看看它们，感觉真好。感悟，更是随时随地在内心产生。

05 行走在黄河与大渡河间

今天，2009年6月22日，我们走在青藏高原东北部的山原地带。

黄河、大渡河两大江源在这山原中穿插、交错。公路则在两江间盘旋。

大清早上路后，我们就沿着这些大河而行，水色之黄让我们知道这里的水土流失有多严重。

远行，车是非常重要的。可是今天我们才上路，车队中的帕吉罗就一口气爆了两个胎，幸好是在我们还没有进无人区的时候。要是真的进了无人区，碰上这样的事，可真的算是巨大的挑战了。

今天我们的行走和前两天看到的大江有了明显的不同，就在我们细细地端详着大江、大河变化多样的景致时，杨勇发现了新的问题：

一是虽然才是六月下旬，但黄河水系支流已经进入汛期，河水猛涨。像这种情况通常预示着今年黄河、长江汛情比较严峻。

记得1998年长江中下游发大水的时候，4月我去金沙江上游，发现江水猛涨，当时就想，今年长江不平静。我让同行的央视记者告知国家防总金沙

大渡河

黄河

只有江源才有这样的水貌吗？

裸露的河床

江超常的汛情，密切关注，提前防范。1998年，长江上游提前到来的洪水，与后来7月、8月、9月的洪水不能不说有着一定的关系。今年，春天是大旱。6月，江源已经开始了汛期，我们后几个月能否安全度汛，应该提醒有关部门密切关注，争取保证人民群众的生命和国家财产的安全，杨勇说。

二是越往西行，干旱趋势越明显。过了达日4 400米山口后，草场变得稀疏起来。出现了大面积的斑秃地貌，老鼠也多了起来，并不停地在公路上穿梭。河床的干，让人看着不禁要问，这里的河水哪去了？

杨勇说，这次我们到阿尼玛卿的主山脊上已经看不到冰川的痕迹、见到的只是光秃秃的碎石山。这和他前几次来有很大的改观。

在一片风玛旗，我们碰到了优云乡党委书记张德元。

我们问他，你觉得这干旱是什么原因呢？

张书记告诉我们：这些年虽然一直在减牲畜，但人为的原因还是多些。

我问他，你知道现在全球气候变化吗？他说，知道。我说那在这里有

山上没有了雪，河里没有了水　　岸边的沙丘越来越高

开会　　牧民对大自然的敬畏

6月解冻的冰

从索加到青藏线间的空白地带

布曲发源地巴斯康根冰川

花石峡

考察队来到了格拉丹东雪峰西侧尕恰迪如冰川群并测得这里为长江正源沱沱河的新发源地

2007年8月，看到路边的藏原羚

什么反应吗？他说草场越来越退化，水也越来越少。

我们和这位书记聊时，旁边还坐着一圈人。张书记说优云乡属于青海省达日县，不过，我们当时站着的地方已经属于黄河源所在地的玛多县。我们走向那圈人问，你们是在开会吗？他们说是。我们又问开的什么会？能告诉我们吗？他们只是笑，不回答。有人则说：不懂，不懂。

问了半天，我们终于从只言片语中明白了，他们是在商量怎么用党费、团费帮助村里最困难的人。

我们问主持会议的人：你捐了多少？他说100元。

党费，用在帮助家乡的穷人身上，这在中国我不知道多不多？

离开这群我们看他们好奇，他们看我们也好奇的人，我们的车子开了没多一会儿，看到车窗外河床里怎么不是水，是冰了！

这里的海拔在4 500米，6月还有这么厚的冰，让我们这些上过高原不只一次的人也觉得新鲜。

再往西行，过了沁玛雪山山口，就进入了中国的内流河与外流河的分界线。

2007年8月，看到路边的藏野驴

2007年8月的江源湿地

内流河名为东曲，汇入冬给措纳湖，出湖口后叫托索河或者叫柴达木河，最后消失在柴达木盆地。

今天，我们从玛多县花石峡向南进入黄河源区的路途上，公路两边是一片干涸的古湖盆，其间散落着稀稀拉拉的水荡。大多已经盐渍化。杨勇说：可以看出，这片古湖盆的泥土是浮尘天气的发源地。

行走的前方，天空，弥漫着尘埃。杨勇说：黄河源区，这样一块内流区在没有任何地形屏障阻挡背景之下，如果给水量继续减少，再加上全球气候变化的进一步加快和青藏高原继续隆升，很有可能就会导致黄河源区向季节河和内流区演变。

从阿里玛沁山南坡而过，杨勇说：这么多年以来，我们几乎没有看到过阿里玛沁山6 282米的主峰——青藏高原东北部的最高峰，同时是昆仑山脉东端的最高峰，也是黄河流域的最高峰和水源补给，雪线退化如此严重。可以说，冰川退化，是黄河上游整个生态系统演变的一个缩影。但是对这一切变化我们还知之甚少。

2007年8月，我们绿家园生态游走在从花石峡到玛多的路上，我们还看到很多湿地、藏原羚和藏野驴，可是这次，没有湿地，没有羚羊。

　　昨天我们看到的黄河九曲河湾的下游，从四川几经拐折，经甘肃，又回到青海。龙羊峡库区和库区以上，兴海县、贵南县目前已经出现了大面积的沙漠。杨勇说，从这里也能看出，以往水库能调节小气候向好的方面转化的观点，是不具有普遍性的。

　　杨勇还说，根据他们2007年对黄河上游的考察，发现黄河上游也在进行大规模的、密集的水电开发。除了龙羊峡、李家峡、刘家峡、盐锅峡先期建成的电站以外，目前正在建设的还有：拉西瓦、积石峡、炳灵峡等大型水电工程。这些电站把黄河上游截成了一段一段。黄河这一段比金沙江中游短许多，可比金沙江水电开发的密度还要大。已经饱受全球气候变化之苦的黄河，再加上这样的开发，不知未来会是什么样子。

　　明天，我们要去牛头碑，很多人认为那里就是黄河源头了，其实还不是。不过那里有中国青藏高原上的两个重要湖泊——鄂陵湖、扎凌湖。2007年我们去时，当地牧民就说湖比以前小多了，今天呢？那里也是松赞干布当年迎娶文成公主的地方。

　　让我牵挂的还有，这次去，将要拍到的照片会和上次一样吗？上次在湖边还可以看到成群的藏原羚和藏野驴，明天还能看到吗？

06 在江源

AT THE HEADWATERS OF
THE YANGTZE

夜宿沙丘

荒原上挺立的大黄

我叫它"满地星"

2009年6月23日早上，我们从黄河第一县玛多出发，计划上午先到杨勇在地图上看到的一片大沙丘，下午回玛多，然后再去牛头碑。夜宿鄂陵湖和扎陵湖。

出了玛多县城，我们先经过玛多黄河大桥。2007年我们来时是8月初，这次是6月底，不知是季节不同，还是全球气候的变化，黄河之水在这桥下竟有了如此区别。

记得2007年来黄河源时，我们的计划中是有星宿海的，可那次我们却没能找到。星宿海已完全被稀疏的草场所代替。

当地有个说法，星宿海奇观的形成，是王母娘娘梳头不小心把镜子从天上掉到人间，摔成了碎片。可是，如今这些像镜面一样的一个个小海子没有了。

2007年，我们虽然没有找到星宿海，但到了玛多后不久，还是看到了星星点点的海子，当地叫星星海。那时的星星海也有不少的湿地。据说星星海过去非常大，现在也已经碎成了一个一个的小"镜子"。

如果说，玛多桥下的黄河水有季节性的变化，但星星海变化的就不仅仅是水，还有那河两岸绿绿的草。2007年我们看到的草甸，有很多地方已成了大大小小的沙丘。我想，这和全球气候变化是有关系的。而且，仅仅两年的时间我拍到的照片就有那么大的变化。我多么希望，作为记者，我只是拍到了局部，而不是全局。我是在用记者的眼光审视星星海，专家一定还有专家的解释。

杨勇说：玛多县黄河源头众多湖泊群已经失去了和水系的联系，成为内陆湖。星星海原来是一个长条型的大湖，现在

修桥

沙丘下的藏原羚

由于水量减少，已经分隔成串珠状的小湖。

沿214国道行进，我们都能见到两边沙丘包围的小水荡。

1999年，我在中央人民广播电台做环保热线节目时，杭州的一位听众打来电话，说他们所住的古荡小区，是杭州诸多水荡的最后一片水面，可是开发商又看上了，要填埋了开发。他们给我打电话是希望我和他们一起呼吁。当时我马上电话找到杭州当地的媒体，希望他们向市领导"告状"。我也没想到，当时的杭州市领导很重视，很快就把已经批的开发项目叫停，保住了那片最后的古荡。

今天，走在黄河源的这些小水荡，我问自己，这些小水荡会成为玛多星星海最后的海子吗？我一定还会再来。今天，我用自己的笔和镜头，记录了这些王母娘娘摔碎的"镜面"，我也要记录它们的明天。

我们今天看到的黄河上游的水呈黄色，含有大量的腐殖质和生化物，口感微咸。而且，黄河水在这一段流速很慢，河床左右游荡。牲口和当地人都已经不饮用这里的水。

从巴颜喀拉山口发源下来的黑河

水中的一家子　　排队行进的藏野驴群

流入黄河处后，它的周边已经有大面积的沙丘和斑秃状稀稀疏疏的草地。

江源受全球气候变化的影响，沙化的程度非常高。但高原上植物的丰富、植物的艳丽、植物在荒漠中的生命力，不是亲眼所见，还是难以想象的。

在杨勇的带领下，我们一行人在一片高山大黄前拍照了好久、好久。刚刚还在为江河的严重沙化担忧着的我们，一下又被这些艳丽的花所感染，兴奋了起来。

1999年我在昆明采访世界园艺博览会的时候，主办方请我去采访英国和荷兰两个国家的小花园。两个国家的科学家都告诉我，他们在世界园艺博览会上展出的高山杜鹃花，都是19世纪从中国引过去的，经过他们的"驯化"，现在这些花，不仅装扮了他们自己国家的花园，荷兰还成了鲜花出口的大国。

今天，看到这些美丽的鲜花时，我就在想，藏在深山上这么漂亮的花，我们当然不能去伤害，但我们应该可以科学地"驯化"它们，让更多的人能欣赏到它们的美丽。这不也是我们和大自然和谐相处的一种方式吗？

我们的车在江源行驶时，可以说是不见人烟。但隔不了多远，就会有一个施工现场，问了后知道是在修桥。没有水，又没有人，为什么要修桥？一位从西宁来的施工人员告诉我们，7月、

8月雨季时会有水，修桥主要是为了安全。杨勇说，这是我们国家现在村村通公路的政策正在实施。这里有一个小村子，村子里有多少人就不知道了。很可能就三五户，甚至一两户。

为了这一个小村子的几户人家，也就两三个月雨季，就在江源那么脆弱的生态环境中挖沙动土，修桥值得吗？可以吗？应该吗？是不是就是为了完成一项任务指标。

2008年春天我在怒江采访时，一位傈僳族的小伙子也和我聊过。政府村村通公路的想法是好的，可是大推土机一铲子下去，把我们山上的花花草草和很大的树就给铲了。树砍了，草没了后，我们那么美的大山被弄得伤痕累累不说，过去少有的泥石流、滑坡也越来越多。

杨勇说：这一带牧民稀少，草地明显退化。我们走过的很多地方都没了沼泽草甸，部分已经脱水，呈现出干旱的自然环境。全球气候变化对这里的影响已经非常明显，而再人为地挖土筑路修桥无疑是雪上加霜。

我想，如果有读者看到这里，是不是也可以发表一下你们的意见。为了村村通公路，就可以在生态环境脆弱、地广人稀、海拔4 000多米的江源铺路架桥吗？这里可还都是三江源自然保护区的核心区！这样的工程需不需要信息公开，需不需要公众参与，需不需要环境影响评价？

江源母子

今天，我们走上雅娘黄河桥时，看到的是两岸长起的有上百平方公里的星月形沙丘。这些沙丘高10米以上，属于流动性沙丘。根据风向和山脉走向，沙丘很可能会沿着黄河两岸继续向下延伸。

我们来之前，杨勇是从地图上看到这里有沙丘的。他说，这可以算是黄河源区第一处成片的沙丘分布区，并且还处在流动扩展之中，向东至阿里玛沁山口，已经可以看到了。东西宽40公里，南北宽30公里。处在大野马滩和阿里玛沁河之间。这在杨勇十多年的江源考察中，还是第一次看到。

野炊

找到的沙丘

　　在这样的沙丘上还可以看到生命，不能不让人感叹大自然中各种生灵生命力的旺盛。今天我们先是看到了4只藏野驴，然后又是三五成群的藏原羚，接着又看到36头一群的藏野驴。

　　拍下这些时我在想，这无际的原野，只属于这些不畏风雪、不怕日晒的青藏高原上的野生动物。这里是它们的家。我们人类可以欣赏这高原湖泊之浩瀚，却无法以这里为家。它们只是一朵小花、只是一只野鸭。

　　今天，为了能看到地图上已经标了信息的沙丘，杨勇果断带着我们这支车队在荒漠中穿行、寻找。

　　在一户帐篷前，我们得到了指点。

　　晚上7点左右，我们终于找到了要找的沙丘。本是江源的地方，却出现了那么大的沙丘，是什么时候形成的，为什么会形成？有人在研究吗？杨勇说他也不知道。明天还要再看看。

　　我们今天晚上就要在这里安营扎寨。听着江源的水声和沙丘的风声入眠了。

　　我想，2009年12月，联合国将在丹麦的哥本哈根召开全球气候变化大会，杨勇和他的团队对青藏高原的独立考察以及在江源拍到的照片，应该让更多的人看到。青藏高原作为第三极，气候变化对这里的影响，无疑将会对全世界都产生影响。像杨勇这样10年来独立在江源做科学考察的科学家，应该让世界知道。

07 高原陷车

一天

高原沙丘旁的清晨

两辆车陷在了泥潭中

车陷在泥里，连上拖车绳

在路上，车出现故障，车陷进泥里，这种情况恐怕坐过车、开过车的人都有可能经历过。可是整整一天都没能把车开动起来，并且不只是一辆车，而是3辆车一起陷在泥里，谁有过这样的经历吗？可能会有，但不一定多。而这就是2009年6月24日我们在高原上经历的一天。

清晨高原上空气的透明度，让人觉得简直是能看到空气被自己深深地吸进了体内。

昨夜，我们仿佛是枕着沙丘睡的觉。今晨，透明的空气中我们体味着沙丘旁，青藏高原演变过程中，维系了很久很久的生态系统。

漫坡、草坪、蓝天、白云，另种解释：交响曲。

今天，8点多出发，目的地是黄河初长成时形成的两个大湖——扎陵湖、鄂陵湖。2007年我到那里时，当地人告诉我们，黄河源头上的这两个大湖比以前小了。全球气候变化对高原的影响，看起来水的变化是极为明显的。昨天我们看到了玛多桥下的黄河水、星星海，这些变化可见一斑。水大量蒸发，湖面变成了沙地，草原成了荒漠，湿地成了七沟八壑。

我们出发不久，还能看到昨夜被我们"枕"过的沙丘，地质学家杨勇按以往的经验，快速冲向一片水面。车没有冲过去，在水中停了下来。

开始我们还没有觉得那么严重，当同行的3辆车中的另一辆试图去拉被淹在水中的车时，也陷在了泥中。这个时候，我们开始着急了。

能用的工具都用上了，石头、铁锹、"猴爬杆"力士千斤顶、"沙漠气囊"千斤顶，可是除了"躺"在水里的那辆车静静地看着我们忙活以外，其他两辆，一会儿这个被拉出来又陷进去，一会儿那个陷进去了又被拉出来。

在海拔4 200米的高原上，人们不活动，喘气都有点困难，更别提还要搬石头、挥铁锹、挖泥了。没有办法，只能尝试各种不同的法子轮着用。

远处一群骑马的藏族汉子被我们大呼小叫、喘着粗气喊了过来。我们问他们有什么办法吗？常年生活在江源的人，这种事肯定有经验，我们想。

"大力士"中有一位像是个干部的人，先是让我们把绳子拴在车前，杨勇坐在驾驶位上加大油门，我们所有的人和4个藏族汉子一起拉开架势连推带拔。

本以为个个都是大力士的藏族汉子，没准能把车拉出来。哪儿想到这招也不行。但他们也没有放弃，招呼着我们又来一招儿。用"沙漠气囊"千斤顶把车顶起来，轮胎下垫上一块块石头和垫板。刚刚石头和板在车头，这招儿，石头和板又都要挪车尾。这可是海拔4 000多米的地方呢，用力推吧！

将要带着我们去黄河源、长江源，应对全球气候变化，为中国找水的越野车，才走了5天，就不管我们怎么连拉带拽，就是不走了。

最终，藏族汉子们摇头走了。他们是骑马来的，车陷了，对他们来说一定是陌生的。我们不

"大力士"也用上了　　将在这里过夜

能怪人家不管我们。

　　这些年江河生态的变化，家住江源的人虽然不会用我们的说法：全球气候变化，但是生活中气候和草场的变化，还是让他们有些措手不及。和我们同行的江苏汽车节目主持人李国平上个月曾带了一个自驾游团到长江源。用他的话说，今年5月的暴风雪，对青藏高原的牧民来说损失太大了。

　　前两天杨勇说，才6月，江源已经有汛情了。他有些担心今年黄河、长江的汛期都会有大水。

　　记得1998年长江中下游大水成灾时，为了想看看那次华东的大水和江源有什么关系，我随中国第一支女子长江源科学考察队到江源时，我们的向导欧跃就说，那年冬天他们那儿遭了"白灾"，家里牛羊冻死了几百只。

　　后来从长江源采访回来后，中科院兰州冰川冻土研究所副研究员沈永平告诉我，每年的5月底、6月初是长江源区季风到来的时间。可1998年，一直到6月25日才下了第一场雨。而这推迟的季风，一来就凶猛异常。整个7月、8月、9月，几乎是天天下雨。这对青藏高原来说，是十分罕见的。这一罕见，和1998年夏季长江中、下游的洪水是有着密切关系的。

　　沈永平还给我讲了另一个经历，也是我现在常常讲中国生态危机时的一个例子。他说的是：20世纪60年代，科学家们因做研究，曾在青藏高原的一座山上挖了很小的一块冻土草皮。当时想就是一小块冻土，不会对那片环境造成多大影响吧。谁曾想，就因为破坏了这么小小的一块冻土草皮，后来整个山的草皮开始退化，到80年代，就成了一座秃山。

沈永平说，青藏高原的生态位很低，不像江南似的，一平方米的生物多样性很丰富。高原上的植被是经过成千上万年的考验才存留下来的，一旦破坏了它的生存环境，很快就会退化，而且不可逆转。

其实，我们人类因为缺乏对自然的了解，做得比这样的伤害大得多的错事又有多少呀。包括国家领导、科学家、企业家和我们这样的老百姓。

正当我们不知道还有什么办法能让3辆陷在冰里雪里泥里的车走出泥潭时，昨天为我们指大沙丘路的藏民夫妇骑着摩托从远处开了过来。女主人会说的汉话足以让我们和她说清楚，我们还有一辆车在玛多县，昨天送一位因严重高原反应不得不离开队伍的队员。那辆车现在还在玛多县等着我们今天晚上回去会合呢。那辆车上有我们重要的工具。

我们问他们能不能把我们中的一个人带到60多公里以外有手机信号的黄河乡，我们好让在玛

夕阳中我们的车还在水中

高原的湿地

多的那辆车赶快过来救我们。他们夫妻俩商量了一下，丈夫就带上了我们一行中的陈显新上了路，走得匆忙，陈显新这位温州人连棉袄都没穿就坐上摩托车消失在远方。

杨勇说今天晚上我们只有在这儿过夜了。过夜就要搭帐篷，就要做饭。我们在高原的风中开始了过夜的准备。

已经被冻透了的陈显新回来告诉我们，两个多小时后，那一辆车将会带着车上的工具和买的一些木板到来。

新的希望，对于在高原上与泥泞已经打了8个小时交道的我们来说太重要了。

晚餐，虽然是从地上的水泡子里弄的水烧开后煮的方便粥，可是大家都吃得格外香。

车来了，希望也来了。特别是江苏汽车栏目主持人李国平，像是"天兵天将"，穿着短裤就指挥着大家，挖、垫、推。

累了一天的我们，在高原的晚霞中，看着这位汉子的举手投足，竟像是在欣赏艺术创作一样，看着他把一个个轮胎从泥水中撬起来。

高原的晚霞真美，可是被我们"战斗"了一天的湿地，也被我们弄成了一片烂泥滩。我拍下它们，有负疚，也有警示，希望以后再来考察的人比我们做得好。

负疚，要有补偿。警示是希望开车上高原的人，工具一定要带全，这样不仅可以少费力气，节省时间，还不会让原生态的大自

新的希望

然因为我们而"破相"。

　　我们的车在车灯的照耀下，在水里待了一天之后，出来了。江源又恢复了平静。

　　因为要赶着发稿，我没有睡在我们傍晚时分在风中支起来的帐篷里。陈显新这个平时只在大都市里开车的人，今夜第一次在黑暗中开了3个小时崎岖而颠簸的路，我们赶回到了玛多县。

　　明天，我们一定会看到黄河源的牛头碑，等着我们的消息。

最后的努力

08 全球气候变化在

黄河源两大湖间的反映

牛头碑旁的藏原羚

原来的湖面已成了弯弯的小路

黄河第一水电站

　　2009年6月25日，大部队从昨天陷了一天车的雅娘沙丘附近的湿地出发（地图上只有这个沙丘的信息，并没有名字，因所在地名是雅娘，所以杨勇就以此命名了），又回到了玛多乡，然后从玛多乡西行去牛头碑。对于旅游者来说，牛头碑就是黄河的源头了。但真正的源头还要再走上60公里，在约古宗列盆地的约古宗列曲。

　　从玛多乡出来，旅游公路现已基本建成。杨勇说他第一次到这里来是1992年。当时他们是徒步走雅砻江，搭了一辆货车到这里。司机告诉他们，那里有狼群。他们也真的看到了，还看到了成群的藏野驴和藏原羚。

　　2007年和今年我两次到这儿来，都没见到狼，但藏原羚和藏野驴还是见到了不少。

　　那次，杨勇他们从玛多乡到当年松赞干布迎娶文成公主的地方，也就是今天牛头碑的山脚下（那时还没有牛头碑呢），用了整整一天的时间。今天我们只用了3个小时，就到了牛头碑。这是柏油路和土路的区别。

　　杨勇至今只记得当时那里有一个渔场，但是没有人。他们在那里搭帐篷住了一夜。

　　黄河源的这两大湖，近年来随着旅游、环保和原生态文化的传播，人们对它已经不陌生。不过真正到过那里的人，可能也不会太多。

远处好像已不是水面

"扎陵"是蒙古语，意为"灰白色的长湖"，古称"柏海"。扎陵湖东西长，南北窄，酷似一只美丽的大贝壳，镶嵌在黄河上。湖的面积达526平方公里，平均水深约9米，蓄水量为46亿立方米。扎陵湖湖心偏南，是黄河的主流线，看上去好像是一条宽宽的乳黄色的带子，将湖面分成两半，其中一半清澈碧绿，另一半微微发白，所以叫"白色的长湖"。扎陵湖的西南角，距黄河入湖处不远，有3个面积1～2平方公里的小岛，岛上栖息着大量水鸟，所以又称"鸟岛"。这里的鸟大都是候

走近鄂陵湖畔

鄂陵湖岸

鸟。每年春天，数以万计的大雁、鱼鸥等鸟类从印度半岛飞到这里繁衍生息。

　　鄂陵湖位于扎陵湖之东，与扎陵湖的形状恰好相反。鄂陵湖东西窄、南北长，犹如一个很大的宝葫芦。湖的面积为628平方公里，比扎陵湖大100平方公里，平均水深17.6米，最深可达30多米，蓄水量为107亿立方米，相当于扎陵湖的一倍多。鄂陵湖水色极为清澈，呈深绿色，天晴日丽时，天上的云彩，周围的山岭，倒映在水中，清晰可见，因此叫"蓝色的长湖"。

　　有意思的是，扎陵湖有供鸟类栖息的岛屿，而鄂陵湖有一个专供鸟儿们会餐的天然场所，人称"小西湖"，又称"鱼餐厅"。每年春天，黄河源头冰雪融化，河水上涨，鄂陵湖的水漫过一道堤岸流入小西湖，湖中的鱼儿也跟着游进来。待到冰雪化尽水源枯竭时，湖水断流，并开始大量蒸发，潮水迅速下降，鱼儿开始死亡，而且被风浪推到岸边的沙滩上，鸟儿们就可以美美地饱餐一顿。

　　扎陵湖和鄂陵湖海拔4 300多米，比中国最大的内陆湖泊青海湖高出1 000多米，是名副其实的高原湖泊。这里地势高寒、潮湿，地域辽阔，牧草丰美，自然景观奇妙。不过现在的那里，也有了不少我们人类的痕迹。

　　黄河第一水电站，就修在了鄂陵湖通向黄河的河口处。这个水电站2006年投入使用。杨勇说，由于鄂陵湖出口的河床落差，电站的有效库容是19亿立方米，相当于两个紫坪铺大。

　　杨勇对黄河第一电站的评价是，近年来，鄂陵湖和扎陵湖两大湖水量减少，面积缩小，水库的建成可以起到一定的稳定水量和湖水面积的作用。

湖边人家

至于黄河第一电站的问题，杨勇认为：冬天湖水结冰就发不了电。不过，这个电站发的电，对玛多县还是很重要的。

再有就是人为拦坝，一定程度上也会影响到湖里的鱼，也影响到鄂陵湖的正常出水。不过杨勇说，这将对黄河上游有什么更具体的影响，现在还没有人进行过分析与研究，一时还看不出来。

趴在湖边，杨勇尝了下水库里的水后说：微咸。他告诉我们，如果是很咸的话，就可以说蒸发量是很大了。本来这两大湖是淡水湖。

据记载，鄂陵湖最大时有800平方公里，水深是22米；现在湖面只有600多平方公里，水深为17米了。扎陵湖过去曾有600平方公里，现在500平方公里也不到了。

从目前看，渔场已经停止捕捞了。2004年，杨勇他们就曾给玛多县政府提过建议：这样的高原湖泊，如果鱼少了，食物链就会中断。应该人工饲养一些鹰、猞猁和狐狸，有限度地捕捞，这样也能保障生物系统协调。

从目前情况看，湖岸山上由于老鼠过多造成了很多梯状土坎，虽然政府建了一些鹰架，但效果并不明显，也没有形成群落。所以恢复生态系统的工作对于鄂陵湖和扎陵湖来说，还是十分艰巨的。

站在湖边，杨勇分析了一下今天两大湖泊自然环境演变趋势严峻的几大现象：

一是湖边草场退化，向沙化过渡，形成成片的沙化；

二是湖岸退缩明显，成群的独立湖泊在增加；

纪念汉藏民族历史的迎亲地

杨勇在远望

三是鼠害还在蔓延；

四是生境萧条，除了有少量的、零星的藏原羚羊、藏野驴以外，其他动物很少见；

五是很多支流水系干枯，泉眼断流、地下水位下降，水源补给大为减少。

扎陵湖沙化比鄂陵湖更为严重。

对我来说，鄂陵湖的变化是：2007年，我们站在牛头碑往右看时，还是水面。而这次，一眼望去，竟像是湿地了。不过杨勇认为，两年时间的变化不会这么明显，这里面有季节的原因，也有丰水、枯水年的原因。2007年8月我们是站在牛头碑旁的，现在是6月底。

离开牛头碑，下山沿湖往扎陵湖去的路

扎陵湖边的两菜一汤　　警示

上，我拍到的照片中，除了一些风土人情以外，还拍到了湖面上一些看起来挺漂亮的景色，但究竟应该如何解释这些水色的照片，恐怕就需要回去请教生态学家了。是藻类还是什么？

杨勇说，鄂陵湖和扎陵湖之间是由一条河道沟通的，我们今晚的宿营地就在河口。这些年来，因为气候变化，这条沟通两湖的河干过、断流过。今年水量比较大，估计河不会干。但是，这次无论是在扎陵湖还是鄂陵湖，我们都看到了湖水的退水线。

在这两大湖之间，还有一些像葫芦状的湖面。中间的湖泊，有连接着两个大湖的河道。大自然中的河流是多样的，并有其自身的功能。在江源，大自然中的湖泊也在随处炫耀着自身的风采。

夕阳西下的时候，我们在扎陵湖边支起了帐篷。晚上将在扎陵湖边睡觉。用我爱说的一句话就是，今夜要枕着黄河源区的湖水入眠了。和我们一起进入梦乡的还有湖中的鸭子和水中的鱼。

明天，我们要走进约古宗列盆地，黄河的正源。请等着我们发自河源的消息。

09 约古宗列

AT THE HEADWATERS OF
THE YANGTZE 黄河正源

今天早上，在扎陵湖流入鄂陵湖的河口处洗脸时，看到河对岸有3辆摩托车正在过河。我赶了过去，旅游卫视的杨帆已经在那儿拍上了。

他们到河这边时，我和会说汉话的小伙子彭巴聊开了。

小伙子今年19岁，是扎陵乡人。他上学只上到初一，因家里没钱，就不上了。现在他们主要靠饲养牛羊生活。政府给每家配备了太阳能板，所以家里的用电基本解决，靠太阳能打酥油要比过去手工打省劲许多，小伙子说。

我问他，年轻人不想到外面去看看吗？他说：不去。

为什么呢？回答：要照顾家里的老人，还有牛羊呢。

我问他，这些年扎陵湖有什么变化吗？他说水少了，今年5月还遭了雪灾，他们家冻死了两头牦牛，村里死了十几头。

我问，扎陵湖里有那么多鱼，你们不打吗？彭巴说：不打。我说是不让打，还是你们自己不打呢？彭巴说不让打，我们藏族人也不打。

很有意思的是，这位19岁的藏族小伙子喜欢听我们中央人民广播电台的节目。我问他你最爱听的节目是什么，他说是新闻和少儿节目里的卡通故事。在交通和信息都不便的扎陵湖畔，小伙子家里没有电视，广播就是他了解外面世界的唯一方式。他喜欢听新闻，但更喜欢卡通。他生活在如同世外桃源的河源，对卡通的喜爱，是不是也是对善良、勇敢、智慧的向往呢？

19岁的藏族小伙子

过黄河

多曲三江源自然保护区

对家人、对牛羊、对鱼、对卡通，扎陵湖畔的年轻人，有着质朴、孝顺、崇尚自然、听政府话的性格和习俗。

我问小伙子有对象了吗？他说没有。我接着问，愿意找外面的人，还是就在村里找。他说就在村里找。我说是不是已经有目标了，小伙子的脸上露出了羞涩的笑容。我问他，将来你会让你的孩子上学吗？小伙子说，那要看到时候的条件。

3个藏族年轻人骑着摩托车走了，摩托车上放的流行歌曲的声音一直到他们离开很远了，我们还可以听得到。

今天是2009年6月26日，我们的目的地是黄河源。杨勇告诉我们，鄂陵湖、扎陵湖两湖以上，就都是黄河源区了。黄河有三条大的支流：勒拉曲、卡日曲和约古宗列曲，其中约古宗列为正源。

整个黄河源湿地的特征，目前已经不明显了。包括像当年星宿海这样的湖泊湿地，现在都看不出来了。2007年，绿家园三江源生态游时，星宿海我们没有找到。这次还是没有看到。杨勇说，还是有一些小水荡，但水已经非常非常少了。

黄河三大源入湖的多状特征，现在也已经看不见了。取而代之的是一些沙化草甸和萧条的生态环境。曾经以沼泽为主的约古宗列盆地也演变为一些零星独立的水荡。沼泽大面积脱水、干化。

就在我们为杨勇解读的今日黄河源的现状越来越担忧时，在卡日曲的几处桥上，我们再次看到了水中一群一群的鱼。如同过去课文里形容的情形：棒打孢子，瓢舀鱼，野鸡飞到饭锅里。同行的温州人陈显新和我一路上吃饭时，总想问问有没有鱼。看着河里这么多鱼，陈显新跑到河边要去看个究竟了。

我问杨勇，能弄几条鱼吃吃吗？杨勇想都没想地说，还是算了吧，要尊重当地藏族人的习惯。

是呀，去年我在澜沧江采访时，当地的藏族活佛就说了，一头牛是一个生命，一条鱼也是

今日河源

退缩中的卡日曲

一个生命，还是少伤害一些生命吧。1998年我第一次去长江源时，同行的人整天就想在江里打鱼。而作为科学家的杨勇，他尊重的不仅是自然，还有当地人的风俗。

其实我问杨勇能不能打几条鱼时，心里是十分矛盾的。既有想吃的成分，也怕杨勇真的说抓几条吧。那真的是对一个敬畏自然、尊重民族习惯的人的大挑战。而他说了不抓，正好死了我想吃的心。一个人要做到敬畏自然、尊重民族习惯不是一件容易的事。

为什么能在桥下看到这么多的鱼？是黄河、长江里面的鱼在产卵后的共性特征，就是它们都喜欢在激流中成长。黄河我不知道，长江里四大家鱼的鱼苗产出来是一团一团的，要靠激流冲到中下游。

所以，修了电站后的高山出平湖，对小鱼来说是致命的伤害。我们今天看到的卡日曲桥下的激流，是小鱼们玩耍和成长的家园。

在我们去河源的路上，还看到了今天的黄河第一桥。我之所以强调是今天的，那是因为，前天我们到过的玛多黄河桥也曾被称为黄河第一桥。在玛多上游卡日曲，又建桥，这里就成了黄河发源后的第一座桥了。谁知道黄河再往上的上

父子两代找水人

游还会不会再建桥呢？要是建了，这里就又不能称它为第一桥了。

既然是第一，大家就还是都要在那里来个"到此一游"，连杨勇也不例外，而且是第一次让我们看到他和儿子——旅游卫视的编导杨帆一起拍。

原来我一直没有搞清楚，怎么玛多县说是黄河第一县，曲玛莱也说是黄河第一县？这次我总算搞清楚了。前两天我们去的玛多县是牛头碑所在地，归果洛州所辖；而今天我们到的麻多乡，藏语就是黄河源的意思，麻多乡是曲玛莱县的，归玉树州管辖。都想称自己为第一，这不知是不是中国的习惯。外来人就只有在糊涂中自己去找答案了。

在麻多乡，我们碰到一些在河边坐着的人，像是干部模样。问了后知道是麻多乡的副乡长罗松扎西。刚刚我们在麻多乡问路时，凑上来看热闹的几个当地的年轻人扒在我们的车窗旁，我们问他们：这里的河水和过去有什么变化吗？他们说没有，一样的。

明明是河水少了那么多，沙化现象也很严重，为什么年轻人会说是一样的呢？我们又问罗松副乡长时，他指着旁边的河水告诉我们：原来水可以一直到那儿的石头滩，现在水少多了。

源头标志

黄河之水草中来

罗松副乡长说，你们刚才问的年轻人可能没听懂你们的话。我们接着问副乡长是否知道全球气候变化？我告诉他一路上我问了不少人，他们都表示没听说过，全球气候变化是怎么回事。你知道全球气候变化对黄河源区有什么影响吗？

罗松说：当然听说过。对河源来说，最大的影响除了气候反常，降雨量减少，蒸发量加大以外，还有就是人为破坏。这个人为不是我们牧民的牛羊多了，而是一个加拿大公司到黄河源区来采金。他们采金的地方就在自然保护区的核心区，对草原的破坏非常严重。

我们问，你们不能管吗？

"他们是以旅游开发项目名义来的，实际是采金。和他们一起合作的中方公司也是手续齐全。别说我们乡上，就是玉树州上也管不了。他们把我们绿绿的草原挖得到处都是槽子。老有人说，高原的荒漠化是因为我们牧民的羊子多了。羊子再多也不会把草原破坏成这样呀。"

听罗松讲了这么一番后，我们当即决定去加拿大人开采金矿的地方看看。

罗松副乡长已经带我们上路了，可他把车停了下来，说因为"猪"流感，加拿大人走了，采矿点现在没人。

因为2007年杨勇他们来时已经拍了一些加拿大人在黄河源开矿的照片，所以我们还是决定先赶去黄河源。

和罗松副乡长分手时我对他说，请他给我们写一份有关材料，都是些什么人在那开矿，已经造成了哪些破坏。回到北京后，我一定要找到有关部门，也希望通过加拿大民间环保组织查一查，这些以开发旅游项目为名的加拿大人，为什么要在我们的黄河源区，以破坏我们母亲河源为代价开发？如果是在加拿大，他们能这样做吗？

写到这时，我的脑子里突然出现了一个人的名字，白求恩。出现了一句话："一个外国人，毫无利己的动机，把中国人民的解放事业当做他自己的事业，这是什么精神？这是国际主义的精神，这是共产主义的精神，每一个中国共产党党员都要学习这种精神。"

是时代变了，还是什么变了？在江源，不知是人的思维活跃，还

送伞

是人与自然相处时的表现更容易立刻看出是与非，我的脑海里也就老有自己问自己的问题蹦出来。

1998年我第一次去长江源时，几乎是每天傍晚都要叮当五四地下冰雹。今天又是傍晚，我们走在去往黄河源的路上，冰雹还是来了。这次比11年前好的一点是，我们在车里，不用像上次似的走在江源中，没地儿躲，没地儿藏的。

车外冰雹中，我们车的前方，一个妇女带着两个很小的孩子在草地上蹲着，任凭冰雹打在他们的身上。江源的妈妈和孩子在用这种方式面对大自然的一切。我们前车的摄像师周宇从车上跳下去，给他们送了把伞。我们也下了车，送了些吃的给孩子。那小女孩看着我们的眼神，让我好奇。在她小小的心灵里，是怎么看我们的呢？我们的什么让她好奇呢？

在大草原上，这母子3人撑着一把伞的画面，我摄入了

河源的日落

镜头。不过，心里的感觉很复杂，甚至有些伤感。啊，人与自然。

上次杨勇他们到黄河源时，越野车的钢板断了，在野地里等了6天，去格尔木换钢板。那次他们得到黄河源小学的不少帮助。今天我们在去河源前，因为冰雹大雨中前行艰难，我们的车又开进了小学。和上次不一样的是，孩子们搬进了新校舍。

老师和学生们热情地把我们拉进屋，又是倒茶，又是睁着大眼睛看我们。

外面的大雨停了后，我们决定先上河源。同时，在他们热情的感动下，我们决定今天晚上不在黄河源野炊、搭帐篷，而是回到学校吃、住。这样我们也可以和老师们聊聊住在河源的孩子们。

我们的车开出黄河源小学，行进在河源的湿地中。突然看到一道彩虹。而这道彩虹刚好落在了远处的3座小房子上，那就是黄河源小学。彩虹打在上面，像是一道神光，是在佑护着孩子们？

在我们真正到了黄河源头时，太阳已经偏西。打在河源的草甸上，像是金色的草原上捧出了一眼眼清泉。

黄河源所在地约古宗列，在网上的百度百科中这样解释：

藏语，意为"炒青稞的锅"。这是当地藏族群众根据这里的地形而起的一个形象的名字。

约古宗列是一个东西长40公里，南北宽约60公里的椭圆形盆地，周围山岭环绕。盆地内有100多个小水泊，远看像是无数晶莹闪亮的珍珠嵌在盆地。水泊四周，是绿草如茵的天然牧场。

在盆地的西南面，距雅拉达泽山约30公里的地方，有一个面积为3～4平方米的小泉，清澈的泉水不停地喷涌翻滚。喷涌而出的泉水汇合了盆地浸渗出来的无数涓涓细流，逐渐形成了一条宽约10米，深约半米的潺潺溪流。约古宗列在星宿海之上与卡日曲汇合后，形成黄河源头最初的河道——玛曲。玛曲，当地藏族群众叫孔雀河。这一段河道，河宽水浅，流速缓慢，因而形成大片沼泽草滩和

考察队在黄河源

众多的水泊。登高远眺,只见数不清的水泊在阳光下闪闪发亮,犹如孔雀开屏一般。玛曲向东流过16公里长的河谷进入著名的星宿海。

黄河发源于青藏高原巴颜喀拉山北麓海拔4 500米的约古宗列盆地。经青藏高原的青海、四川、甘肃,黄土高原和鄂尔多斯高原的宁夏、内蒙古、陕西、山西,华北平原的河南、山东,注入渤海,全长5 464公里,流域面积75万平方公里。黄河因其流经黄土高原,携带了大量泥沙,多年平均输沙量达16亿吨,相当于堆成1米见方的土堤绕地球27圈。

站在约古宗列盆地的黄河源,杨勇说,周边山腰的出水泉眼的水位水量在减少。泉眼以上的山坡地,已经沙化或斑秃化。约古宗列泉群的水位在10多年间约下降了10多米。我们中的一位队员用步量了一下杨勇上一次来时黄河源的出水口处和今天出水口的距离,大概算了一下,地下水位大约平均每年下降了两米左右。

如果再往远处看一下,黄河源泉群形成的湿地草甸和浅谷地周围沙化迹象也很明显。

离开黄河源时,我们的车又一次陷进了泥里。在车被我们拉上来的一瞬间,我的眼泪竟也不由自主地流了出来。江源的圣洁,江源的清澈,是因为没有人居住。为什么有了我们人类生活后的黄河,就会脏,就会断流?

生活在河源的人,用他们对大自然的态度与原生的大自然同在。我们生活在城里的人,什么时候也能让大自然回归到它本来的圣洁与清澈?能吗?在夜幕降临的黄河源区,我一遍遍地在问着自己。

10 大山中长江与黄河的分水岭

AT THE HEADWATERS OF THE YANGTZE

踏步　　送

擦

2009年6月27日，和黄河源小学的孩子们住了一夜。一大清早，他们就互相叫醒着。我也早早地就醒了。有意思的是，等我穿戴好出来，孩子们已经排好队，其中一个孩子在轻轻地敲老师家的门。多懂事的孩子，他们都才是小学一年级至三年级的学生。

接下来的早操让我感到甚是奇怪，不知是老师教的还是怎么了，很多孩子原地踏步竟然都是顺拐。不过黄河源小学的早操和我们内地不同，是分三部分：先是跑步；然后是做广播体操；最后是跳藏族的锅庄，而且一个个跳得有模有样的。只是他们一边跳，一边转，很难拍好。

学生的早饭是酥油茶和馒头，吃完饭后，自己洗自己的碗，洗完了还要用黑黑的抹布擦干。

昨天晚上听学校的老师说，现在他们最大的困难就是需要靠柴油发电，学校财政支出这笔钱实在是有些困难。不过，现在黄河源区的一些农民花3 000元钱买一台小型水

我要去北京上大学

利发电机，就可以解决家里所有的用电问题。除了买这种小水利发电机时要花钱，以后用水就不要钱了。黄河源，这点水还是不缺的。

3 000元，这些年我不论走到哪里都在义卖我们出的书，用来为怒江小学捐阅览室。因为常常是杀熟，所以卖的和买的都很积极。这样除了每年给怒江38所小学订报刊和买些电影光盘外，还能有些节余。我想为黄河源小学买一台小水利发电机还是可以的。这些河源的孩子以这么简单的生活方式与母亲河源区生活在一起，我想，为孩子捐阅览室的朋友们知道能为他们做点事，应该也会感到荣幸。就拿出自己随身带的3 000元钱，全给了江源的孩子。

在我们一行为中国找水的人和孩子们分别时，我问他们：将来有谁想到北京去上大学？请

把手举起来，到时我们一定帮你们。开始孩子们都有些害羞，后来在老师的启发下，学生们才一个个举起手来。有一个男孩子的手举得最高，人家都放下了，他还在高高地举着。

今天，我们的车上路后没多久，一阵阵羊叫声吸引我们停了车，爬到山坡上往下看，看到一个大坑里有着无数只羊。后来才知道，这是把羊聚在一起，给它们打预防针呢。可怜的羊，它们能知道这是人类在为他们少得病着想吗？不过也难怪，动物对我们人类的害怕也不是一天两天了。

杨勇开的车在一处大山的山脊上停了下来：这里是长江和黄河的分水岭。这座大山属于巴颜克拉山山脉。长江流到这儿，已经流经了800多公里了，而黄河才刚刚诞生。因为经历的不同，成

熟的长江和幼稚的黄河相比较，无论是河床，还是水量都有所不同。

杨勇说，从这次我们到这里考察来看，气候变化对这里的影响已经显现出来了。

一是黄河源区的地表泉眼因地下水位的变化和降水量的减少，出现了断流。

二是长江水系通天河流域的一些支流水系出现了部分干枯断流。宽浅山谷的湿地大面积萎缩，呈现出向谷底收缩的情景。而谷坡上出现了斑秃垮塌的土坎和成片沙地的景象，导致一些乡村牧点城镇普遍缺水。黄河源区的很多湖泊已经与黄河水系失去了水的联系，越来越多的小河边已经生出了沙漠。

我们在一条红色的水边再次停了下来。这时的我们已经告别了黄河水系，进入了长江水系，这是流向通天河的色吾河。

杨勇说，这红色是因为水中含汞的成分很高，河流流经的地层中含有朱砂矿引起的。在江源，含有各种矿物质的水是很多的。这让我想起了1998年我们在沱沱河兵站采访时，看到战士们每天要从几里地之外去打水。如今，可可西里索南达杰站的饮用水，也是要到十几公里之外的不冻泉去拉。大自然就是这样，按照自己的方式，分布着地球上的资源。

等着打针

红色的色吾河

河边长出了沙漠

去年我在走三江源时，看到过红色的楚玛尔河，也看到过红色的澜沧江。杨勇说，黄河源区的地层分布大部分以白垩纪为主。而我们所看到的这一段通天河，则以侏罗纪和三叠纪的紫红色地层为主。在地质构造上分属两大不同的地质构造体系。

2009年，《中国国家地理》有一期专门探讨中国三大江河源头的确定。在探讨长江发源地的文章中，有学者认为当曲现在又发现了更远的水流，所以应该重新确定长江的源头。

杨勇不同意这个说法。他多次考察过这些地方。从水量上看，当曲虽然进入通天河的水比沱沱河多，但当曲进入长江上游通天河的水，有60%是沱沱河发源地格拉丹东的冰川融水。

楚玛尔河进入通天河的水占其水量的20%。这次应对全球气候变化、为中国找水，要沿着楚玛尔河走一段，或许也会去探究一下楚玛尔河的源头。根据杨勇多年的考察，楚玛尔河上游倒是有可能找到比现在更远的水源。如果找到，长江的长度就有可能升为7 000多公里了。但从来水看，杨勇认为以冰川融水为主的长江，把沱沱河定为长江正源的地位是不能改变的。

如果说，红色的水是大自然中的另类资源——朱砂的贡献，而这大山中堆积的

沙化的山，干涸的河，断壁残垣的旧县城

废弃县城中留下的井

长江支流——色吾河流过曲玛莱

沙石，就是被我们人类破坏的现场了。这是淘金人在这里开出的槽。昨天听说的有加拿大人在黄河源区采金，我们没能去成他们的施工现场，但眼前的这片大山，确是被采金糟蹋的。

在我们今天的行程中，我知道要走过曲玛莱当年的老县城。20世纪70年代末，这个县城虽说是守着一条通天河支流色吾河，但是色吾河流到这里虽然已经不是红色的了，但因水质不能喝，地下水位又严重下降，居住在这里显然不行，只好弃城而走，留下了今天这片废墟。

2008年7月，我和凤凰台《江河水》节目也走过这里，可是因为没有人指点就匆匆过去了。等我想到这么一大片断壁残垣一定是曲玛莱废城时，车已开了过去。

今天我们的车停在了废城前，那份荒凉，那份沧桑，让我不由地想，不知人类今天的繁荣到了明天有多大程度也会成这样？

我去过意大利的庞贝古城，那也是一座失

去了往日辉煌的废城。还有我们中国新疆的楼兰，同样是人们要寻找昔日文明的地方。这样的弃城明天还会有多少，我不知道。但我知道，当年就牛羊拥有的财富来统计，黄河源头的玛多县曾是中国最富的县，现在因草场的退化已经成了中国最穷的县。他们今天的穷，是生态变化使然。

站在这座废弃的县城旁，杨勇告诉我们，这里是当年的县委办公室，那里是公安局，那是当年的监狱……

虽然已是海拔4 500米，但是为了站在高处把眼前的弃城拍下来，我还是一步三喘地爬上了大山。站在山顶看这座弃城，一种人与自然另类相处的场面尽收眼底。我想每一个看到这幅画面的人，都一定有着自己的解读。

站在这大山、大江与弃城之间，我问自己：关注中国的江河已经10年了，其中的问题，能在这座废弃的老城面前找到解决的答案

分水岭

远眺

吗?

　　上车了，再看一眼这座弃城，乌云已慢慢走来。我们的车向曲玛莱新城开去。2008年我到曲玛莱新城时，早上被告知，因要买水用，所以县城里一个很不错的招待所不提供洗脸水。不知今年住的曲玛莱新城旅馆，早上能有水洗脸吗?

11 江源幼年的身体

正在受到摧残

5角钱一桶水

街上卖水的车

　　2009年6月28日，我们住的和去年一样，还是曲玛莱交通宾馆。比我们去年到这里采访时不提供洗脸水要好些，有一桶水放在院子里大家可以用。但在用这桶水之前，我们已经得知在曲玛莱县，这样一桶水要5角钱。

　　虽然，旅馆服务员并没有在那儿看着客人用水。但是这个价格，让每一个用水的人不能不尽量节约。

　　在中国的大小城市，应该说现在的水价还不足以让我们珍惜所用的每一滴水。在很多人看来，水，不是打开龙头就有的吗？

　　目前已经有很多专家提议，城市用水的水价一定要分出档次。谁要是想多用水，可以，你就要付出代价。因为在我们这个地球上，水资源是有限的。昨天我们看到的废城曲玛莱县不就是一个例子吗？

　　2008年我在德国汉堡采访时，一位陪同说，她在家会对洗澡时间长了的儿子说，你是在洗欧元呢！这样的比喻，管着用，和思想教育应该还是有区别的吧。哪个更有用？

　　2008年采访当地人时，有人说，曲玛莱县城早晚还是要搬的。今年，县城正大规模地铺设地下管道。

　　曲玛莱总面积5.2万平方公里，平均海拔4 500米。因缺水县城已经搬迁过一次。可是水仍然困扰着这个县城的居民。明明是江河的源头，可是缺水却缺到如此地步，几乎让人难以想象。不过，在一个县领导的家里，我们也领略了当地人的干净。

　　这户曲玛莱藏族干部的家还是挺讲究的，从照片上可以看出他们家的生活。这家的男主人是县林业公安局长，女主人也是县里的干部。在那位50多岁的女主人的记忆中，缺水就一直是困扰曲玛莱人的问题。他们家里虽然有一口井，可是

藏族人家

现在的地下水越来越深，有时还会出现打上来的水是红色的情况。

虽然井被圈到了他家，但周围还是有人要到他家来打水的。如果周围到这口井来打水的人多了，水里也会出现红色。

杨勇解释：县城这一边地势低，所以井里还有水可打，但是水位已经从10多米下降到了30多米，要是到县城地势高一点的地方看看，很多井都是干的。从20世纪70年代搬迁到现在，全县30多口井只剩下5口有水的井了。这户人家里挂的一幅大照片引起了我们的兴趣，照片上是两个大拐弯。我拍过很多大江的拐弯，包括怒江和澜沧江，可像这幅照片上这样一条大江上并排着两个大拐弯的，还真是没见到过。

通天河岸边的采沙工地

我们能去那儿吗？看了这张照片后，同行人对长江被称为通天河的这一独特景致，可以说是心向往之。

杨勇告诉我们，长江漂流时他们漂流过这段，2007年冬季考察也走过这段，漂亮极了。但是这个季节要想到能拍到这样照片的地方，要骑马，还要爬山。显然，我们的时间是不允许到那里去了。

带着不能亲眼看到长江上游通天河这样美景的遗憾，我们为黄河源小学又买了一些文具后，就从黄河第一县曲玛莱县出发，前往长江源第一县治多县。

刚刚离开曲玛莱县城，车开了没有多一会儿，我们的头车就停了下来。杨勇带着我们走到眼前是一片繁忙施工的河岸上方。一看就知道这是在从河里挖沙。

杨勇非常忧虑地说：长江源区，可比喻成长江的童年。谁家的孩子被人家这样摧残的话，做父母的能容忍吗？可是我们人类却为什么可以这样对待大自然、这样对待江河、对待还是童年时代的长江？

泥沙是江河的组成部分。采河沙，不仅会破坏河床，阻断水流，也会让水中的动植物受到毁灭性的影响。特别是在一条大江的发育期，这种破坏所带来的巨大影响，可能是今天我们人类还难以想象到的。

在曲玛莱城边通天河上挖沙，当地人说是为了城市建设。去年我到三江源时，在澜沧江源头也采访过当地政府的人，他们的回答让我觉得，那里的挖沙虽然把大江弄成了一幅惨状，可人家说的也有人家的道理：为什么只许你们城里人住高楼大厦，这些高楼大厦所用的沙子是从哪里来的，难道你们没有看到，就可以心安理得地任凭一座座大楼平地而起吗？而我们这里搞建设需要沙石，从江里挖沙了，你们就说我们是破坏了江河，破坏了生态。

进入长江流域

江心洲灌木初长成

从这些江源的挖沙现状来看，光靠限制显然是不行的。那么怎么为需要建房的地方找到沙子，就是摆在我们面前很现实的一个挑战。在内地，一些挖沙的老板据说靠卖沙子简直就是一本万利。可是在江源，挖沙是建设的需要，应该怎么办呢？还是希望不仅政府要有好的举措，环境保护也需要公众参与。还有，是不是也应该有人能为此献计献策呢？

像通天河这样的长江上游，对它的保护就不仅仅是对一条大江的保护，而且关系到中下游靠长江滋养的数万万人民以及整个长江水系的生态系统。

我们拍到的这两张照片，在杨勇看来是长江两岸的另一种变化。而且，在地质学家的眼里，这是一种值得研究的现象。江边和江心洲的植物，已经不仅仅只是草甸，而是长成了灌木。这种变化过程，是进化，是植物群落的丰富，还是什么？

从通天河看长江"童年"时期的发育

江源湿地

从黄河第一县曲玛莱到长江第一县治多，只有60公里的距离。我们沿着通天河走，看到的水文及生态情况就有了截然的不同。昨天，在曲玛莱旧城那里看到的河床是黄沙一片。今天治多县的长江上游，不管是干流通天河，还是支流聂恰河两岸，都是绿色尽收眼底。

2008年我到治多县采访时，就知道这里有聂恰河电站。当时，林业、环保、科技局局长尼玛告诉我，这是县城重要的用电来源。今天，杨勇站在电站旁告诉我们，在这样高海拔的地方建电站，一年中有一半的时间是不能用的。为什么，结冰封冻。

在高原的考察中，杨勇看到，这些年，不仅是聂恰河冬天那厚厚的大冰块结在了电站的设施周围，而且还看到聂恰河口通天河一级电站用了才5年，就因冻而坏，再也不能用了。

在这样的地方建一个电站，不知建设者是不是算过它的成本？且不说这个电站是不是毁坏了高原脆弱的生态环境，就是这钱花得值吗？在这样生态极为脆弱的地方花了那么多的钱，而建的电站只用了5年。这个钱要是掏自家的腰包，有谁会这么败家吗？可是花国家的钱，就可以这么花吗？

就在我们这次走江源的前几天，环境保护部暂停审批的金沙江水电项目，也有这种败家的作风。金沙江一库八级电站，在龙头电站虎跳峡还有争议的时候，上游的八级电站已经按虎跳峡要修的装机容量在建了。如果虎跳峡最终没有被批准，那已经建成电站装机容量多付的成本，谁来埋单？

这次江源行，我们看到政府向牧民免费提供了很多太阳能设备。太阳能、风能、小电站等清洁能源，在高原非常实用。政府也花了大力气。这对江河生态的保护起到了非常重要的作用。

大自然中的自然景象

长江支流聂恰河电站

不杀生，与动物和谐相处，在中国西部水塔地区，是当地少数民族的自觉自愿，是他们的宗教、他们的信仰。但是，为下游的人保护着大江大河源头的人，也需要国家行为的生态补偿机制。如果用家住江河源的人的大智慧，敬畏自然，尊重自然，再有生态补偿，那已经把我们中华民族的大江、大河守护了这么多年的江源人，继续世世代代地守下去不是没有可能的。

可是今天，当我们提出西部大开发的时候，想过我们开发的是什么，是资源吗？

这些年，我们倒是开发了不少资源，可对西部的破坏也达到了前所未有的程度。

那么，在我们提倡开发时，能不能也试着把着眼点放在对西部文化、西部传统习俗的开发上。江源的人为什么就能留住自然，我们却不能。是我们先进，人家落后吗？如果单从生活方式上看，可以这么说，他们的生活水平还是我们几十年前的程度。可是他们呼吸到的是新鲜的空气，喝到的是干净的水。而我们这些城里人，能吗？

应对全球气候变化、为中国找水行动，走到这时，有一个念头出现在我的脑海中。我们找水，在某种意义上看，是不是也要找到如何合理地使用我们现有的水资源的方法呢？我们一定不希望找到了水，听任所谓的现代人继续浪费。我们找水，是不是也可在找水的过程中，找到江源人保护水的文化，保护水的传统，并将其广而告之，将其发扬光大呢？

在我们的现代化进程中，有些事看起来或许是死结、是无法应对的。但如果用江源人一直在用着的宗教、传统的保护方式，也许还是我们中华民族对世界保护与发展的贡献。

全球气候变化，对世界第三极青藏高原及各大江源有着那么大的影响，江源的人却依然在与自然和谐相处。这样的生活方式，不值得我们去寻找，并学习吗？

明天，我们将要到长江南源当曲所在地的索加乡。去年我到那儿时，尼玛局长就告诉我，要想看野生动物，就去索加乡，那里的野生动物随便看。我们一起期待着。

12 江源的

AT THE HEADWATERS OF
THE YANGTZE ▌美与苍凉

长江一级支流聂恰曲

　　2009年6月29日，因为马上要进入长江源区，那基本还处于原生态的区域，上午，我们把4辆车都好好地检修了一遍，快到中午才出发。

　　今后的一个星期，可能都不会在有网络、有信号的区域活动了。

　　昨天晚上，我挑灯夜战，把我们出来以后每一天写的"应对全球气候变化，为中国找水"的前11篇写完了。因为每周末都有"绿家园江河信息总汇"，这样，我写的11篇可以用到这周四。如果周五我们能到了有信号的地方还好，每天的文章可续上，如果真的这一周都没有信号，那一路走来还从没有断过的"江河信息"，就只有"断顿"了。

　　中午，我们从长江第一县治多县出发后，一直是沿着聂恰曲向西走。

眼前的聂恰曲，比起昨天在治多县看到的水要小很多，一些地方甚至只是一个空空荡荡的河床。

近年来常会有人问这样的问题：全球气候变化，冰川都融化了，水不是应该多了吗，为什么河床还是干的，还说水资源越来越匮乏？

走在江源时，我也一直想弄清楚，我们路上沿河看到的这样干干的河床，及河床里布满的大小石块，是因它们是季节性河流？还是这些河流是发洪水后留下的河道？

杨勇通过自己多年来的考察认为，这些干干的河床：一是这些河流的源头，不时有冰川堰塞湖溃决冲积形成了石滩；二是上游因某一条冰川消融已尽，水源断流了。杨勇还说，过去30年三江源冰川退缩速度，相当于过去300年退缩的距离。

以往洪水多，是因为冰川多且融水多。能给河流充分地补水。现在，受全球气候变化的影响，冰川本身的补水就减少了，而大面积的快速融化，虽然短期内看来是增加了一些河流的补水，但这并不是好事情，恰恰说明了冰川消失的加剧给青藏高原带来的威胁。

不管怎么说，这次到江源和我10年前到长江源相比，没有水的河，明显多多了。

杨勇说，全球气候变暖，在青藏高原的反映是水汽对流不平衡了。其直接反映是，冰雪消融化增大，河流泾流频繁出现瞬时峰值，水汽蒸发不均衡，总的降水量出现减少趋势。

据近几年的观测和报道来看，青藏地区是全球气候变化的敏感区，变化的不平衡在这里反映也非常大。冰川融水虽然多了，但蒸发量也大了。青藏高原冰川的融化，虽然不一定直接影响到海平面的上升，但是它所维系的是数十亿人的安危。

1998年，我第一次去长江源回来参加长江源科学论坛时，中科院南京地理与湖泊研究所研

这条大江叫牙曲，是长江通天河的支流

长江和澜沧江的分水岭

因鼠而形成的梯级土坎

靠近河边有了定居的人后满是垃圾

究员李世杰在接受我的采访时说：青藏高原很独特，高山区是冰川，盆地里有众多的湖泊沉积物，还有冻土。这三大地质载体，完整地记录着青藏高原的环境气候变化信息。他们曾在昆仑山南部、青藏高原西北部、甜水海盆地完成了一个57米的湖泊圆形钻孔，从冰芯中得到了24万年以来的气候环境变化信息。

遗憾的是，研究冰川消退的原因，只凭这些数据还不够，还需要很多科学数据支持才能做出论断。而要想得到这样的科学数据，却不是一般

的经费所能支持的。

李世杰说：青藏高原是气候变化的敏感区，并且具有超前性。即别的地方还没有变化，这里已开始有反应了。这点已在科学界达成共识。为此做一下青藏高原全新世（近1万年）的气候变化研究，找出其成因机制，无疑对以后的环境保护将起到很大作用。

采访李世杰已经是11年前的事了。从目前青藏高原的现状看，全球气候变化的影响更大了，但研究的数据却并没见多了多少。

在1999年的长江源科学论坛上，针对长江源区生态环境的这些特殊性，中科院程国栋院士在接受我的采访时说：地球有四大圈：水圈、大气圈、岩石圈、生物圈。如果从这4个圈来看，青藏高原可以说是全世界地球科学领域的一个实验室。它比南极、北极的意义更大。它是解开地球奥秘的一把金钥匙。同时，长江源头的生态，属于脆弱的冰冻圈结构，各个环节都是相互制约的，也都是非常敏感的。那里的生物原本就是生活在一个非常低水平的稳定状态，它不比南方是高水平的生态系统。所以，这种生态系统对外界的变化特别敏感。这种情况就造成长江源头的环境对人类的活动作用难以适应。一旦打破了原有的平衡，要恢复得几百上千年的时间。

整整10年过去了。今天的青藏高原，留有太多的空白。一路走来，干旱的河床，当地完全没有人说得清楚，这里的水是从什么时候开始少的。牧民们虽然能凭自己的感觉说出一二，但这能做为科学依据吗？

找路

在对江源一次次的民间独立考察中，杨勇认为，现在中国西部气候的变化，可以说正是处在一个大的拐点。降水量总体减少；极端气候频发，冰川融化加大；水汽对流不平衡，以长江南源当区湿地，即冰川遗留下来的湿地为例，现在脱水、失水、沙化都是十分明显的。

更有一些具有标志性特点的，如索加湿地、牙曲湿地，还基本没有任何研究数据。

全球气候变化是当今世界上如此热门的话题，可对全球气候变化可以说是最敏感的地域，却少有人问津。不能不令人遗憾。

今天还没上路，就听陪我们一起从治多县到索加乡的索加乡副书记安东尼玛说，索加乡有三江源自然保护区投资建的观测站，价值150万元的监测设备，已经6年了还搁那儿。原因是没有人会用。当地甚至连会用电脑的人都找不到。

我们的车停下来，杨勇告诉我们，这里是长江和澜沧江的分界线。左边是澜沧江，右边是长江。两边的大山是昆仑山和唐古拉山之间的飞来峰，一座叫巴颜热吉，一座叫加图扎尼。

什么是飞来峰呢？青藏高原在印度板块和欧亚板块挤压下，形成了昆仑山、唐古拉山、冈底斯山、喜马拉雅山、念青唐古拉山和横断山。夹在这些大山之间，有一些特殊的地质构造，或独立的山峰，就被称为飞来峰。

站在中国这两条大江的分界线，站在这两座飞来峰前，杨勇说：中科院20世纪70年代初到80年代末，组织青藏高原综合科考队，进行多学科

静静的大山

综合科学考察。其中包括西藏的湿地、水系、河流、湖泊、冰川、冻土和森林等。虽然这次考察到最后连出版书的钱都很少，横断山科考专集还是油印出来的，可那次考察的数据对我们认识青藏高原还是非常重要的。

遗憾的是，近年来对青藏高原的研究并没有继续和深入，快速的开发建设没有研究成果

的支撑。我们这次沿途看到的采矿、采金、采沙，都是在生态极为脆弱的地方和河道里进行的。

　　杨勇说，1998年他们漂流时，看到这里有大量的野生动物。这次重访，他很希望得到进一步的景象和数据。特别是当曲中下游湿地中的野生动物。

　　索加至今还有很多野生动物群落，却并没有什么知名度。这对索加来说，是好事还是坏事，现在还真不好说。

　　索加没有知名度，不知是好事还是坏事，但扎河乡靠近河边的这份脏，却让人心里

江源女人

不是滋味。难道改变江河源原住民的生活，就是这样开始的吗？这就是贫困地区的城市化吗？现代化就要付出这样的代价吗？

站在这本来是湿地、是草场，现在盖了房子，有了定居的人家，有了街道，有了商店的扎河乡，这几个问题强烈地冲撞着我们。杨勇更是对当前商品的过度包装大发感慨：有用吗？过度的结果，不仅浪费了资源，也把本来那么美丽的山山水水弄成了这样。

这里的女人还是那么富有自然美；这里的孩子，也还是那么天真烂漫。不知，扎河乡的藏族，从过去的与自然和谐相处，到今天的自然遭受破坏，人和自然都在饱受着各种灾难之苦，再到人与自然重新回归友好相处这种循环，要轮回多久。

今天晚上，我们住在了贡萨寺索加乡的一个寺庙里。这里除了寺庙，就是大自然的山山水水。晚上没电，大家坐在寺庙里聊天，赞叹着这里的美，也为这里的穷出着改变的主意。

中国自驾游联盟的李国平，这些年曾参与过《中国国家地理》制作的西藏专集，他也来过索加乡。他对索加的评价是"摄影家的天堂"。

可此行的摄影师周宇却认为：在没有规划好如何发展时，一下子来了太多的人，不管是旅游的还是拍照的，都会把这里毁了。

这样的争论，不是什么新视角，已经有好长时间了。一个地方的发展与保护，关注的不仅仅是人们的生活现状和生活水平，也包括这种发展是否可以持续，及人类的家园地球，能否继续为我们及万事万物的后代提供家园。

晚上，坐在炉火旁，索加乡副书记安东尼玛给我们讲着索加乡这些年的野生动物藏野驴、黑颈鹤、雪豹。当他说到雪豹时，一位叫阿翁成来的僧人，从外面拿来一个雪豹头。这是2008年寺庙里的狗拉回来的。2008年6月，2009年6月，这位喜爱野生动物的僧人两次见到行走在山里的雪豹。

今天太晚了，阿翁成来说，明天我给你们讲讲看到青藏高原上最珍贵的野生动物雪豹时的情形。

13 雪豹在

长江水系出没

雪豹的尾巴特别好看

雪豹头

2009年6月30日，一是惦记着昨天晚上僧人阿翁成来说，要给我们看看寺里的狗拖回来的雪豹头，二是急着想听他给我们讲，就在我们来的十几天前，他在山上看到雪豹的情形，所以早早就起来了。

清晨的高原，在薄雾中总是透着神秘。同行的人个个拿着相机四处转悠。在一排房子后面，我看到了一个盘羊的头，民间也管这种羊叫大头羊。

阿翁一出现，我们就跟着他到像是车库似的房子里。他从车棚的大梁上拿下来这个实在是太珍贵了的雪豹头。他告诉我们：那天寺庙里的狗把这个雪豹头拖来时，雪豹的头上还有肉。我们几个僧人马上到四周的山上去找，但是没有找到这头雪豹的身子。

雪豹的头骨，颅形稍宽而近于圆形。脑室较大。额骨宽，眶后突与颧骨眶均较长而尖锐。鼻骨短宽，其前端尤为宽大。颧弓粗大。上颌骨额突呈三角形，且超过鼻骨的后端。眶间较宽。成兽的人字嵴高耸，尤老体更为显著。异状骨的突起向后伸出，尖而细直。鼓室扁而低，副枕突较长。下颌骨骨体宽厚，下缘平直。

阿翁在大山里看到雪豹时的情形是这样的：2009年6月的一天，具体日子在贡萨寺里并没有记录。那天早上，几个僧人一起上山，阿翁走在最前边。他先是看到了一个"公母"窝，藏语的"公母"就是藏雪鸡，是国家一级保护动物。阿翁接着爬山，一抬头，他大叫了一声，原来他的眼前是一头雪豹正在看他。他的这声大叫，也把雪豹吓了一跳，扭头就跑。听到阿翁的叫声，其他几个僧人也赶快爬上山来。可是雪豹已经跑远了。

阿翁说：雪豹的尾巴很长，还弯弯着，有两米左右，非常好看。

雪豹是一种美丽而濒危的猫科动物，生活在海拔4 000多米的山上。从它的名字也可知道，它是活跃在有雪的地方，是促进山地生物多样性的旗舰，是世界上最高海拔的显著象征，也是健康的山地生态系统的指示器。因为它的活动路线较为固定，易捕获，加之豹骨与豹皮价格昂贵，人类不断地捕杀，使雪豹的数量急剧下降。人类的活动给这种大型猫科动物带来了巨大的生存压力，没有人确切知道野外现存多少只雪豹，估计种群数量仅有几千只。雪豹已被列入国际濒危野生动物红皮书。

英国动物学家夏勒博士多年来一直在我国的西藏，包括印度等地寻找雪豹。去年，在我国新疆终于发现并拍到了一头雪豹。

这个峡谷能进去吗？

僧人去求水

在峡谷里只看到山，看不到水

　　雪豹因终年生活在雪线附近而得名，又名草豹、艾叶豹。头小而圆，尾粗长，略短或等于体长，尾毛长而柔。体长110～130厘米，尾长80～90厘米，体重30～60千克，全身灰白色，布满黑斑。头部黑斑小而密，背部、体侧及四肢外缘形成不规则的黑环，越往体后黑环越大，背部及体侧黑环中有几个小黑点，四肢外缘黑环内灰白色，无黑点，在背部由肩部开始，黑斑形成三条线直至尾根，后部的黑环边宽而大，至尾端最为明显，尾尖黑色。耳背灰白色，边缘黑色。鼻尖肉色或黑褐色，胡须颜色黑白相间，颈下、胸部、腹部、四肢内侧及尾下均为乳白色。与平原豹不同的是，它前掌比较发达，因为其是一种崖生性动物，前肢主要用于攀爬。冬夏体毛密度及毛色差别不大。雪豹周身长着细软厚密的白毛，上面分布着许多不规则的黑色圆环，外形似虎。行踪诡秘，常于夜间活动。所以专家只能粗略地根据大致的栖息地范围和每只雪豹的领地范围，推算出全世界大概有3 500～7 000只野生雪豹。雪豹是中亚高原特有物种，我国一级保护动物，在国际IUCN保护等级中被列为"濒危"（EN），和大熊猫一样珍贵。根据此前的媒体报道，雪豹在我国主要分布于西藏和新疆地区。

　　另外，各地动物园共有圈养雪豹600～700只。

　　2009年夏勒博士到贡萨寺分点来时，看到了这个雪豹头。可是他并没有运气看到大山里的雪豹。

　　阿翁成来，除了2009年6月看到一头一级保护动物雪豹以外，2008年6月，也是在这片大山中，他还有一次看到雪豹的经历。通天河支流的牙曲，对于研究动物的科学家，对于研究青藏高原上的动物的科学家来说，真是太重要了。

2002年，我在喜马拉雅山南坡吉隆采访时，听说过雪豹有这样的习性：它不吃牲畜的肉而是喝牲畜的血。那次，就在我去的前两天，村里的一匹马夜里被雪豹把血喝完了，第二天躺倒在地上。

今天，阿翁也告诉我们，周边有牧民说，雪豹把他们养的牲畜的血喝光了。有关雪豹的这个习性，我没有问过研究青藏高原上的动物的动物学家，但民间的这些说法，倒也是人们对这种稀有动物习性的一种认知。

我们和夏勒一样，没能看到雪豹，甚至，连昨天晚上僧人们说的每天早上有100多只盘羊来喝水的场景，我们也没有看到。野生动物就是野生动物，它们有着它们自己的习性。

阿翁成来是寺庙里唯一汉话讲得我们能听懂的人，他上过3年小学。就在我们听他讲着一次次见到野生动物的情景时，两个骑摩托车的牧民来了。他们说了会儿话后，阿翁急急地喝了奶茶就要和他们走。问过之后知道，原来是当地最近的水越来越少，河水也越来越浅，草场没有水怎么办？牧民们过来是请僧人去念经，希望寺庙里的僧人能帮助他们渡过缺水难关。

一路上我都在拍这些干涸的河床，可就是不知这是正常，还是非正常。一路上看到的这些干河，是季节性河流？还是洪水的泄洪道？从今天牧民因缺水求助于宗教来看，这一条条干河并不正常。

至于这和全球气候变化有什么关系，当然仅凭肉眼是无法判断的。晚上和我们一起住在寺庙里的索加乡副书记尼玛告诉我们，这些年他没有听说有科学家到这里来考察、研究有关河流与冰川的问题。这很让人感到遗憾。

尼玛也不明白，全世界的人都在说全球气候变化，青藏高原是最敏感的地区，那为什么最敏感、最先反映气候变化、生态变化的地方，却没有国内外的

穿越干涸的峡谷，走向烟幛挂

科学家关注呢？

我在很多书上都看到过对长江上游一个美丽峡谷的描绘，它的名字就叫烟幛挂。杨勇他们1986年漂长江时，就路过了那里。这个可以说是处女峡谷的险、峻、奇，至今还深深地留在他的脑海里。本来去那里一定要从水路走，可是今天早上杨勇问了寺庙里的几个僧人，他们都说从他们寺前的峡谷中是可以进去的。是有近道，还是河里的水都干了？我们决定去闯一闯。

如果只想去看烟幛挂，一路上像这样的干河，应该说是有希望开车去，倒可成全我们。可是，如果从高原、江源的生态看，这样的干河，又不能不让我们想，阿翁去念经，能把河水念来吗？

这里也没有多少水，为什么还要修桥？明知问这些修桥的工人得不到答案，但在这样高海拔的地方干活，其中的辛苦，也不是我们一般人能想象到的。和他们聊聊天，我们双方都有兴趣。

42岁的回族汉子才嘎说，不来这里干活没有可干的，怎么生活。

我知道，这些是在像这样艰苦环境中建设的主力军。我也问了他：这样的施工，对高海拔生态的破坏是很严重的，还要修吗？这个看起来真的很帅的汉子只是看着我笑。

我不知还能怎么向他解释。

杨勇昨天说了，中科院曾经对青藏高原做了大规模的考察。而对江源的研究，对眼前这样的开挖、施工，有指导吗？我想，不用问，是没有的。那已有的研究的意义在哪里？不研究就破坏，带来的又会是什么？

海拔4 000～4 500米的大江、大山中，景色还是足以让我们陶醉的。我们越是这样走，越懂得了杨勇应对全球气候变化、为中国找水的意义。他这样艰苦的独立考察，要告诉人们的不就是江源还很美、江源已经存着严重退化，希望尽早引起人们的注意吗？

一个民间科学家的良苦用心，会引起更多人的注意吗？我相信：能。

去年我和凤凰台《江河水》栏目组到江源采访时，黑毛虫就是让当地牧民头疼的问题。他们说老鼠啃了草，第二年还能长。可黑毛虫啃了的草地，就不再长草了。

虽然很多河床里只剩下砾石，但高原草甸还是让我们陷了几次车。后来，不得不放弃继续前往那神秘、险峻的烟幛挂。把那里的奇存在脑子里，留给以后吧。

我们没有走到烟幛挂，没能看到杨勇说的处女峡。

今天的目的地是索加乡。尼玛书记在乡里等着我们。期待着那里大群大群的野生动物，能在我们的镜头中聚焦。

今天，去索加乡的路上，我们已经和野生动物同行了。明天，好期待。

14

150万元的

AT THE HEADWATERS OF
THE YANGTZE

观测仪器待用

在索南达杰住过的
房间里写江河信息

　　索南达杰，这个名字在中国是象征。象征着一位敢于用生命保护野生动物的汉子。我第一次听到这个名字，是和他与盗猎者枪战被击中，人们发现他时，已经冻成了一座持枪的雕塑，一起记入脑海的。

　　没想到多少年后，我会住在索南达杰当年住过的房间，在他工作的屋子里写"江河信息"。

　　可以告慰索南达杰书记的是，现在藏羚羊的种群数量已经开始回升，盗猎者也没有了生存余地。他生活、工作的索加乡，已经成了青海三江源国家级自然保护区。这里的野生动物经考察，主要分布有寒带动物种、高原高寒动物种和少量广布种。有哺乳类23种；鸟类45种；两栖类目种和爬行类型种。有国家一级保护动物8种：雪豹、藏野驴、野牦牛、藏原羚、白唇鹿、金雕、胡兀鹫、黑颈鹤。国家二级保护动物12种。濒危物种红色名录中列为濒危动物的有：雪豹、藏羚羊、盘羊；列为易危物种的有：白唇鹿、野牦牛、黑颈鹤；列为受危程度较低的有：藏原羚、兔狲；列为近濒危动物的有：岩羊。

　　我们到索加的这几天，天天是雷雨交加，想好好看看野生动物的愿望没有实现。看的最多的就是藏野驴和藏原羚、金雕、兀鹫，狼也看到一些，但都很难拍到。这成了此行的憾事。

湿地是物种的基因库。长江源海拔很高，这些天我们一直是在海拔4 500~4 800米的高度行走。索加自然保护区主要是以高寒草甸和高寒草原生态系统为主。同时也有大片的沼泽湿地和很少的灌丛。高寒草甸分布面积大，约占索加地区75%；高寒草原次之，约占12%；高寒沼泽湿地面积第三；灌丛草原则呈零星小片，多分布在河谷和山地阴坡。在海拔4 400~5 200米分布着以高山蒿草、矮蒿草、线叶草为主的高寒草甸草场。在海拔4 400米以下是高寒草原。草原土壤比草甸土壤干，草层不明显或没有，底层是沙砾，

以紫花针茅、异针茅和莎草类为优势种；在海拔4 600~5 400米分布有冰川和岩石，这里没有任何植被覆盖。

在索加乡，没人能说得清楚现在的草场退化和全球气候变化有什么关系。但是我们碰到一队在湿地边种草的人。虽然他们一个劲地在地上为我们找着，说是有他们种出来的草，可我们还是没能看出哪个是他们种的，哪个是自然生长的。

这些种草的人告诉我们，他们种的是适合这里的草，是由专家研究出来的。由政府出钱，他们来种，到时还要验收。

我问尼玛书记，这样种草的意义在哪儿？尼

索南达杰从这里走出

当曲在大雨中

当曲在大雨中

玛有些无奈地说，这是公司在这儿种的，政府管不了。我们想让他们种的地方，他们不种。而这些路边，牲畜也不会来吃，他们却图省事，都种在这样的地方。

这其中的原因，我想不用多说，应该是很清楚的。如果是政府埋单，不管是公司也好，个人也好，以种草来恢复草场无可非议。可因操作上的信息不公开，做好了，是好事。做不好的话，就很有可能还要破坏本来就很脆弱的生态环境。

三江源自然保护区建于2000年，2003年1月被晋升为国家级自然保护区，是保护高原湿地生态系统的自然保护区。保护区总面积1 523万平方公里。约占青海省总面积的21%。整个保护区共有18个保护分区，其中：湿地类型保护区8个；野生动物类型核心区3个；森林灌丛核心区7个。三江源国家级自然保护区行政区涉及玉树、果洛、海南、黄南藏族自治州和海西蒙古族自治州16个县。涵盖了长江、黄河、澜

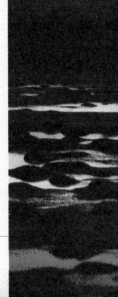

沧江三大江河的源头地区。

这么重要的地区，国家当然也很重视。6年前，三江源自然保护区管理局花了150万元人民币，在索加乡建立了索加太阳能电站、索加自动气象观测站和索加野生动物疫源疫病省级监测站。可是整整6年了，这个监测站却因为没有人会用，导致这些设备一直闲置在那儿。

索加监测站，在三江源自然保护区不是仅有的。杨勇说，像这样规模的监测站，三江源还有两个：可可西里和曲玛河监测站，也都因没有懂专业的人去那儿工作，而被闲置着。

是这些地方不重要，还是150万元不算多？不然这些多功能的监测设备、保护设施，就搁在这儿6年不用？

在索加乡时，我们正赶上县政协的人到这里搞调研。他们和我们一再强调的是，这些年来，江源水量在减少。政协副主席兰帮告诉我们，近十年来江源的各种灾害越来越多。1985年的一场雪灾，至今都没恢复过来。20世纪70年代索加乡有100万头牲畜，1985年雪灾后，几乎是隔三差五地闹灾，索加乡目前的牲畜还不到60万头。

本以为在索加乡看到黑颈鹤是不费劲的。可是今天一天的大雨加上冰雹，一直到傍晚了，我们还没有看到。我拉着尼玛书记一起往当曲水边走，想再去找找。哪成想，还没有走到水边，冰雹就叮当五四地下来了。

当尼玛和我一起迎着冰雹，在高原草甸上行走时，虽然密集的冰雹砸在脸上生疼，浑身湿透的我，却有一种在大自然中接受洗礼的感受。这是生活在城里无论如何也想象不出的感觉。也

长江源流域

保护区界柱已躺在地上了

好好学习，天天向上

规章制度倒是有不少

就是在那一刻，我决定把我手中的佳能400D相机18～200毫米的镜头送给尼玛，希望我的这部相机，能帮他拍下更多、更漂亮的生活在高原、江源的野生动物。

也就是今天，我们为"中国找水"团队，向索加乡小学捐了一些学习用品和体育用品。我也向他们捐资建一座绿家园阅览室。我们多么希望这些孩子长大后，不再让150万元的科学设备，再一闲置就是6年。

搁这儿六年了

15 在高原上

感受敬畏自然

牛角的天问

　　2009年7月2日，同行的陈显新从我们住的牧民家买了一头羊。几天的高原生活，大家也需要加点餐了。不吃肉的我，吃着女主人做的纯天然的酸奶，喝她们煮的热乎乎的酥油茶。早晨，帐篷里的女人们个个都在忙碌着。

　　大人忙活的时候，孩子们也一边看着，一边吃着。藏族小伙子求松，是这家女主人的儿子。女主人有10个孩子，去世了1个还有9个。她家有1 000多只羊，20多头牦牛。男主人过世时，用的是藏族传统的方式——天葬。

　　求松结婚后自己单过。不久前他开摩托车

摔伤，今天大概是摔了后第一次回母亲家。所以他一来，母子抱在一起先哭了一大通。昨天我们看到他时，他是吊着输液瓶子在帐篷外和我们聊的。他说今年挖虫草挣了1 500元钱。不过，他和妻子出门挖虫草回到家后，发现9头小牛死的就剩两头了。再加上摩托车骑得太快，摔伤又花了不少钱。不过，从求松的谈吐中可以看得出，这些事并没有愁倒他。他还花120元钱包了两个仿金的铜牙。这就是住在江源的藏族汉子。

　　昨天下了差不多一天的暴雨加冰雹，今天我们上路后，杨勇趴在一片从高原草甸上流出来的细流中喝了几口水。我们几个人也都尝了，真甜。

我们出发前，杨勇就担心今天这段路，他没走过。从索加乡先到麻多乡，再到雁石坪。从地图上看，没有路。

正是雨季，我们要走出高原草甸，进入青藏公路到沱沱河。上路前知道今天会有挑战，但没有想到，刚一出门我们的帕杰罗率先陷在了泥里。这辆车是每当陷车就充当拉车的呀。大家一起往外拉时，大风夹着冰雹一起向我们袭来。每个人都被砸得成了落汤鸡。

可是，就在我们刚刚把帕杰罗拉出来时，杨勇开的车一个辘轳又陷进了泥里。

杨勇开的车也走出泥潭，我们的车队在穿越草坪。

过河时，其中一辆又在河里熄了火。50岁的李国平是中国自驾游联盟的带队，在南京人民广播电台主持一档旅游节目。此次出来，我们每当陷车，他既是指挥也是大力士。"猴爬杆"力士千斤顶在他的手里，三压两压，就能把一个车辘轳从不管多深的泥里顶出来。在江源中行车，没有李国平这样的干将，真的是不知还要多花多少时间才能救出车来呢。

雨过天晴，江源风景如画的山水、云水间，那道道线条的多姿多彩，让我们忘记了刚刚挖车的辛劳，尽情地享受着感觉离天边很近的大自然。这座大山，怎么就能如此这般地在山上生出一圈石墙，像是一道山门屹立，把守着大山的宁静与安危。

可是，就在我们陶醉于大自然的美与神奇时，情况又来了。

因为完全是靠自己摸索着开车走、过河，水的深浅不知道也要往前冲。过草甸，只是颠些也就算了，那一堆一堆的草丛，里面"暗藏杀机"。杨勇开的是头车，所以他那探路先锋的车，不是陷在了泥里，就是困在了水中。

这一天，我们的车在海拔4 600～4 800米绕着长江的另一支流莫曲行驶。出发后一次次地陷在泥里、水里，觉得已经不少时

高原孩子的早餐

喝一口江源的水

高原的天水云间

候了，可不经意地回头一望，早上吃羊肉的那顶帐篷还在视线之中。

　　江源就是江源。虽然全球气候变化在这里最敏感，干河是我们此行最多的陪伴。但是形成水系的也不仅仅是冰川融水，还有植被，还有地下泉水。每一个上过高原的人可能都会知道，什么是高原特有的网状水系和高原特有的草甸。

　　也许这就是大自然，它的美是我们人类所无法再造的。在这种美面前，我们除了用鬼斧神工形容以外，还有敬畏，还有欣赏。而它的威严，我们也只有顺应与接受。在接受中寻求与之和谐地相处。

　　在高原中，这种感受极深。

　　2005年，媒体上曾经有过一场关于人类是否要敬畏自然的争论，那是我和何作麻院士挑起的。

　　当时是因为印度洋海啸后，我在《新京报》上写了一篇文章，"对大自然心存敬畏"。文章中我说：

　　这一次又一次的灾难说明什么，说明老天爷会发怒；说明人类还没有了解多少大自然的奥秘，更抓不住制止大自然发怒的时机。"无边的大海就如站起来走向你的大门口，水盖住了天"。这是亲眼见到了海啸的人的形容。大海就是走进了大门，不管里面住的是谁，是王孙，是参赞，是当红的明星。其威力比当年美国扔在日

江源的云

石墙

本的原子弹还要高出3 000倍。

　　这次灾难让我想起去年在四川康定的木格错采访时一位藏民说的话："每当我走近湖边不由自主地就会产生一种敬畏感"，"在大自然面前人人平等"。在我们中国，很多少数民族都有风俗：视大山为神山，视湖泊为神湖，神大鸟为神鸟。一个神字，包括着他们对大自然的态度：敬畏。

　　遗憾的是，这种封山为神，崇尚自然的态度，被有些人认为是迷信、愚昧。不知在这次上帝发怒之后，我们人类还敢不敢再说"人定胜天"、还敢不敢再说"要征服自然"。

　　"这个世界人类文明已经走得很远，人类总是高昂着头颅骄傲地思考，并让思想长出坚强而自信的翅膀"。这两天，我在报纸上看到这样一句话的同时，也看到一个金发碧眼的小男孩，他的手里举着一张纸并贴在胸前。纸上写着：我想我的爸爸妈妈和哥哥弟弟。男孩的眼睛里充满了期待。

　　几年前我采访武夷山保护区副主任邹新球时，他对我讲了自己这样一段经历：1970年我一当工人住在山上就砍木头，当了班长以后是指挥一个班砍木头，当了工区主任后指挥一个工区砍木头，然后当了林业局局长指挥全局23 000人砍木头。在我的组织下，1984—1998年15年，一年平均采伐十几万米。在我手上，包括我自己砍的，我组织采伐的起码在150万米以上。我们上交的税利一年是1 000多万元，经我手砍的150万米的木材，上交的税利1.5亿元左右。可是1992年一次洪灾损失就是4亿元。我现在到保护区工作，有一种赎罪感。

何院士随后在《环球》杂志上写了一篇"人类无须敬畏大自然"。他认为，"敬畏自然"会导致人们走向对自然的迷信和崇拜，那是人类处于科学发展低级阶段对待自然的朴素观念，在科学昌明的今天，我们有更好、更科学的观点、方法、态度和手段来对待自然，对待自然灾害。

我随后又写了一篇"敬畏自然不是反科学"，老先生又来了一篇"敬畏自然是反人类"。接下来，"敬畏自然是反科学，还是尊重自然"的论辩在各大媒体上展开。本来我以为，这种百家争鸣可以让我们人类更好地认识人类在自然中的位置，也可以让我们学会如何更好地与自然和谐相处。可是不知为什么，一个多月各大媒体都拉开架势在论辩时，突然就被上面叫停了。本来想的新时代的百家争鸣，没能在媒体上持续。

2009年7月2日，我们扎营时算了算，今天在海拔4 500～4 800米的江源陷了9次车，行驶的里程只有20多公里。

在江边扎营的这一夜，大风。在江边睡的这一夜，狼的叫声不绝于耳。我们的帐篷被风吹发出的阵阵吼声，比狼的叫声还瘆人。躲在帐篷里的我再次感叹：人类能不对大自然敬畏吗？

明天，我们将走出湿地，进入青藏公路经过的雁石坪。

等着拉

又陷了

16 雪山、湿地

还能养育长江吗?

大河在沙丘包围中

藏族盖房子是边唱边盖

　　昨夜大风没有把我们的帐篷刮走。清晨，弯弯的莫曲静静地流着，好像没有经过夜里的风雨。我们是吓坏了，它会害怕吗？

　　2009年7月3日，我们将要在长江源区的一条条支流中穿行。

　　杨勇说，这些天我们一路走来，走的都是通天河以南的水系，包括聂恰曲、口前曲、牙曲、莫曲、当曲、旦曲、布曲、尕尔曲。

　　这些水系都来自于唐古拉山北麓的冰川。每一

修了路后的高原

个水系又都形成了自己的湿地。其中比较大的是牙曲、莫曲、当曲湿地。

通天河南边的湿地，比起通天河北边的湿地面积和水源的涵养量要大得多。不知这是不是和通天河北麓的色吾、楚玛尔河发育有关，北麓河水系都没有南岸水系好。而且通天河北边大部分湿地已经退化，沙化特征也要明显得多。

另外，在通天河烟幛挂峡谷口，北麓河中上游楚玛尔河及源区，已经形成了大面积的沙漠。面积大约有数千平方公里。

在我们的行进中，不管是江源的什么曲，沿河两岸这样的沙丘、沙化，杨勇的形容是：已经成为高大的星月形沙丘，成片成带分布。

杨勇告诉我们：通天河南岸的湿地比较大的本来有3片，目前存在的只有当曲湿地，其他两片已经

现在的雪山和雪山下正在沙化的草地

水从这里流过

没有了。

当曲湿地上万平方公里。近年来，有大批因自己家乡草场退化、沙化而自由进入青海的牧民到了江源，并且已经在这里建村、设乡。20多年前，当曲湿地基本是无人区。现在那里的景象是人畜兴旺，湿地景观迅速改变。

杨勇说，这些已经非常明显地显示出环境容量的超载。并且，导致了这块湿地的变化。当然，这些变化的前提还是在全球气候变化的大背景下的叠加效应。

这次我们在去牙曲湿地的路途上，看到那里也有着同样的退化趋势。桥梁和公路都显示着牧民的

雪山下本应是这样的湿地

大量进入。

对于从1986年就开始关注江源的地质学家杨勇来说，通过这次近20天来的考察，他总的感觉是：气候变化，使得这些地区仅存的湿地已经遭到分割；传统牧场退化，人类在向这些湿地进军，并把目光瞄准目前仍处于原生态的湿地。

20多年来的独立考察，杨勇的思考与担忧更是：随着公路村村通的建设，大江大河源区的这些湿地都面临着极大的威胁。

另外，这些湿地周边海拔5 800米的山峰上，冰川已经全部融化、消失了。我们一路看到的都是光秃秃的山体。

雪线消失，冰川、雪线已经全部退到唐古拉山脉主脊5 800米以上。今天，只有像当曲河边的巴茸狼纳山体的阴坡处，还能见到一些残存的冰川。

2009年的江源行，和1998年我第一次的江源行相比，原以为只是冰川退缩的变化。可这些天看到的，却是一条条干河，干得让人难以相信。全球气候变化在江源会有这么大的影响吗？难以相信，如

雪线已经上升

此出现的湿地缩小、水系退化，部分泾流季节性甚至断流的现象频发那么普遍。

杨勇一路走，一路指给我们看，沿途大面积的草场斑秃状、鱼鳞状和土坎状等的退化特征，即使不是专家也能一目了然。此外，鼠害、生物链失衡、种群单一，草原生态有益物种猞猁、狐狸少见等，更是让杨勇一路走，一路忧心忡忡。

今年，通天河南岸诸河流汛期提前到来，洪水较大，含沙量重。这些，让杨勇担心的是，这种水文情势将会加重长江今年7月、8月的汛情。这一信息应尽快传递出去，引起有关部门的重视，以防患于未然。

1998年，我是在长江中下游发大水时到的长江源。江源的牧民告诉我，那年江源的雪灾和季风推迟都直接影响了江源牧民的生活。而那次长江中下游的大水和上游的雪灾、季风推迟有什么关系，我一直也没有找到能做出解答的专家。今年，希望江源的反常信息，能为长江中下游安全度过汛期起到警示作用。

明天，我们将沿着沱沱河一直走向真正的江源——姜古迪如冰川。那里的河水也会像今天晚上我们看到的这样水天一色吗？

17 青藏高原的
科考与保护

是我们共同的责任与义务

2009年7月4日早晨，我和杨勇都再次来到通天河大桥长江正源沱沱河边。

杨勇是1986年作为中国首次漂流长江的队员从这里上的岸。我是1998年9月随中国第一支长江源女子漂流队从这里出发，一个月后，又在这里结束了从江源—姜古迪如冰川开始的漂流。

看着这张拍于11年前的长江源头第一桥，我觉得现在沱沱河的含沙量比那时的多，而水也比那年的小。不过比我2008年到这时水还是大了不少。2008年虽然也是7月，是丰水期，可江水却

几乎被黄沙所取代。

"水情今年较大。也是水文观测站同期较大的水情，同时也是我近年看到的最大的水情"。这就是杨勇对这上面几张照片的解释。

虽然水的大小有诸多原因，但杨勇还是强调，水大并不是好事。冰川照这样的速度融化，全都化完了怎么办呢？冰川是我们的淡水库，对流量调节、气候变化起着至关重要的作用。青藏高原上的冰川，对整个地球来说，不仅是解开地球奥秘的钥匙，更是全球气候变化的最敏感区

长江源头第一桥

正在通过长江源的火车

长江源头的生态环境碑

域。可是近30年来，长江源冰川的消融，是过去300年的总和。

从这张1995年的水文图上看，倒是看不太出全球气候变化在长江源有多大的反映。为什么？

杨勇说：长期以来长江源区的水文观测分布点稀少，观测不连续。近10万平方公里的江源只有一个沱沱河水文站，而且仅限于汛期才做连续观测；江源的布曲上只有巡测；而源区主要径流当曲、楚玛尔河在水文观测上都还是空白。目前，只在通天河上直门达有一个水文控制站。

我和《瞭望东方》的记者刘伊曼采访沱沱河水文站站长叶虎林时，我们问他：从你们的监测看，全球气候变化在沱沱河有什么反应？

叶站长说：我们的工作就是记录，不做分析，所以到底有什么变化我们也不知道。就连那张挂在墙上的水文图也是上面发下来的，而并不是他们自己测量留下来的。

我接着问：去年我来这里采访时，看到沱沱河大桥下面几乎没有水，再往上走一点，江面退化得都出了盐碱地，这个你们有记录吗？

叶站长说，他们站只有一辆伊维克，他从2005年到这工作以来，去过的最远处不超过10公里，上面什么样他也不知道。

我说谁会知道呢？叶站长说你问问直门达水文控制站吧。在他的帮助下，我们把电话打到了直门达水文控制站，问他们全球气候变化对那里

长江源头水文站记录

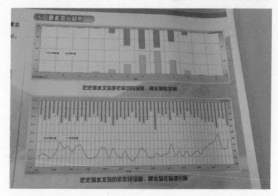

沱沱河上

的长江有什么影响吗？得到的回答和在沱沱河观测站一样：我们只观测、记录，不分析，所以不能回答你们的问题。

杨勇说：这种状况，对于研究并掌握长江源区的水系演变，水文变化的自身规律就缺乏依据。更不适应当前的开发形势——南水北调西线规划和金沙江等河流上游密集的水电开发这样一种态势，以及越来越凸显的水资源缺乏的矛盾。

当然，这种状况，也不适于国际上都在关注的全球气候变化在青藏高原这样一个敏感区域，所要研究突破的重大科学问题。

杨勇认为：青藏高原是地球的中枢神经，在这个地方寻找全球气候变化的答案是需要的、是前沿性的。我们此行看到的现象——冰川消失、湿地缩小、草场沙化，直接反映的都是人类生存圈在缩小，牧民在向新的领域进入。以前认为不能住的地方，现在也开始挺进，包括湿地。

杨勇说，面对全球气候变化，在中国，人们现在普遍关注的是减排，而对气候变化最敏感的地区青藏高原，关注的是什么呢？索加乡，政府配备了150万元的监测设备，搁那儿6年了，没有一个人会用。像这样闲置设备的监测站，并不只索加乡一个。

人类繁衍生息离不开江河，而现在江源出的

问题不知是不是可归纳成：一是源区本地人的生活区域的缩小，要不停地向新的自然领域进入；二是这些水系中下游的水量减小，灾害频繁，使得人类生存与自然的矛盾也越来越加剧。

杨勇一路上都在强调他的拐点说。他说，这个拐点发展到顶端后就开始向下移动，这也许是人类在地球冷暖交替演化进程中碰上的一个周期性拐点，加上人类的不理性，仍然按以往的思路发展，那是很危险的。

面对今天的生态环境，他说：人类的一切活动，都应该有新的思维。如果继续按常规的方式，人类今后的出路将会越来越窄，代价也会越来越大。而这种新的思维，包括一些传统的技术标准、经济指标、战略规划、法律法规、自然生态和伦理都应是全新的。

可现在让我们遗憾的是，关心这些问题的人，缺乏第一手资料，不得不只在文字上做文章。

反对全球气候变化是人为造成的一些学者，至今仍然对我们在青藏高原上看到的这些触目惊心的现象和事实熟视无睹。

以杨勇的拐点说：人类发展到今天，可能也是到了一个拐点。这个拐点如果走不好，局面将会越来越复杂。

当然，目前这种观点的影响力还十分有限，也许还会被很多人认为是可笑的。不过，人类发展到今天，只用发展的口号决定人类的前途和命运，是很危险的，这已经成了不争的事实。杨勇

变化中的藏原羚家

河边起沙丘，小花起到固沙的作用

曾经的大河

说这段话时充满了感情。

杨勇说自己最初的找水考察，就是为南水北调的西线找水。而接下来与其说是找，不如说是发现江源水系的危机，并开始试图将这种危机呈现给公众和决策者。

我们的这次江源考察，恰逢全球热议气候变化，这也从实际内容上增加了活动的内涵。此外，我们在高原的亲历，也可让全球气候变化在世界第三极青藏高原的反映得到较为广泛的信息传递。

我们这次走的范围，确实就是全球气候变化反映最敏感的地区之一。希望我们的此次考察，可以给这一轮的热议和争论增加更多的事实与依据。

此次考察，杨勇说他自己有两个体会：

一是面对这样大的一个话题，我们自身的能力有限，好多问题靠我们自身解决不了。可是，我们的担忧，我们考察得到的数据，我们在江源看到的现实和传递的信息，并没有被重视。国际的力量、国家的力量，都还没有注入这片应该被关注的区域。

二是为什么政治家和国际社会对全球气候变化热议时，却不到气候变化最敏感的青藏高原上找答案，不利用学科优势来考察研究这个重大的课题。在这样的考察中，只有我们几个"虾兵蟹将"。

还有半年，联合国哥本哈根气候大会就要召开，说得严重一些，那就是决定人类未来命运的会议。我们几个小人物面对江源的变化非常着急，现在不惜一切地要把这些信息告知公众。

对此，杨勇只能诙谐地说，我们的考察，关注的是全球气候变化。可却只能命系"猴爬杆"和几块破木板。我们的4辆车已伤痕累累，国产的越野车随时都有解体的可能。其中的一辆车，四驱一加，就会发出恐怖的怪响。可我们还是要靠着它，带我们每天从早上起来一直到夕阳西下，走在高原的大小水系。

当然，这些都不能阻碍我们继续在高原上、在江源中进行我们的考察与记录。因为我们知道，这并不仅仅是为了今天。我们也知道，青藏高原的科考与保护，是我们关注环境、关爱自然的人们共同的责任与义务。我们希望，通过我们的努力，青藏高原对全球气候变化所产生的影响，能早日引起应该关注的人们的注意。

明天，我们的车将向着长江源所在的格拉丹冬雪山开去。

18 走向

AT THE HEADWATERS OF
THE YANGTZE

格拉丹冬雪山

气候变化中的雪山

布曲大桥下

2009年7月5日深夜，应对全球气候变化，为中国找水考察队，从青藏铁路沿线的沱沱河乡出发，向格拉丹冬雪山、长江正源沱沱河发源地走去。

因为走进无人区后的高原没电，所以无法像前一段那样每天记录我们的江源行。本来我们的越野车是可以充电的，可4台车的充电系统被我们用坏了3个，仅剩一辆车还能充电，也就只能照顾到大家手中的相机和摄像机了，轮不上电脑。所以，当我写到这时，我们已经在江源无人区里行走了12天，历经了高原陷车、迷路、遭遇风暴、冰雹、车翻于激流中。最终，为长江正源沱沱河测定新源，比原姜古迪如冰川沱沱河源头延长了20公里。并于2009年7月16日深夜，艰难地走出江源无人区，完成了"应对全球气候变化、为中国找水"第一阶段的"江源行"行程。

青藏公路在修路，我们抢在7月5日深夜12点从沱沱河乡出发，凌晨3点到了唐古拉山脚下的养路队。在杨勇他们的老朋友嘎尔吉——一个养路工人的家，11个人在床上、地下睡了一夜。

2009年7月6日清晨，一走出房子，耳朵里听到的是大喇叭里在念经，眼前看到的，如同我们是在众雪山的怀抱之中。

虽然因为全球气候变化，雪线都在上升，但海拔4 800米的唐古拉山下，我们还是看到了蓝天白云之下海拔6 000米以上的唐古拉雪山。

进入江源无人区，杨勇最担心的不是没电，而是没油。我们走进格拉丹冬雪山后，很多地方都是无人区。想要再加油，可就不那么容易了。所以今天早上我们和养路队的人说了好话，最后以10元钱一升加满了我们车上的油箱和带的所有油桶。

接下来的找水路线，从格拉丹冬雪山到姜古迪如冰川，然后是穿过可可西里，直奔新疆阿尔金山。这一路，加油都是问题。

出发后，我们很快看到的就是长江源的另一条支流——布曲。雪山、白云下的布曲，水还是没有盖满河床。

从进入长江源区一路走来，我常常问自己：为什么我们的家乡生活得比这里要富足得多，却没有蓝天白云？这里，天天都是蓝天白云，可这里的生活，却被认为是穷？

我们的日子比他们丰富，他们的生活太简单。或许，比较我们和他们的生活没有什么意义。可是，富足就一定没有蓝天白云，只有简单才能有，一定是这样吗？

走在蓝天白云之下，心里也很干净。这个问题仍执着地、不时地袭上心头。

就在我们尽情体味着被雪山包围，欣赏着在今天的都市里很难一见的蓝天、白云时，杨勇的车漏了一地的液体，不知是水还是油。

没有办法，只有让一辆车回到出发地找一截管子，自己修。

在等着修车的时候，我们看到一所修青藏铁路时留下的房子里住上的藏民。

两个从附近岗尼乡来的干部请我们进去喝

检修

加满油

初见冰川

茶，这就是藏族人的习惯。不管你走到哪儿，认识不认识，走进帐篷就喝茶，而且是管够。碗，绝对不会让它空上半分钟。

　　拉巴次仁是两个干部中的一位，也是屋里唯一会说汉话的人。他在内地上过学，他称自己是团结族。我知道，在少数民族地区，父母中，一个是当地民族，一个是汉族或其他民族所生养的孩子，就被称为团结族。

尖尖的就是格拉丹冬雪山，长江就发源于那里

我们问拉巴次仁，近年来这里的生态环境有什么变化吗？他说不明显。只是今年4月、5月还下了十几天的雪。这场雪岗尼乡死了一万多头牲畜。我问他像这样的自然灾害以前多吗？他说越来越多了。

不过，眼下最让这位乡干部着急的是，他们那里的水质有问题。据他说，喝了后先是肚胀，然后发胖。修青藏铁路时，有人帮助化验了，但说法不一，有的说没关系；有的说千万不能喝，是中国第二大毒水。

拉巴次仁很希望我们能带点水回北京，帮他们再化验一下。但是我们知道，水打上来以后，不做保护处理，等到我们回去再化验，就无法准确地化验出水里的成分了。

无法满足帮助他们化验的要求，让我们很是无奈。杨勇说，江源饮用水的水质，一直是大问题，却也一直没有引起有关部门的足够重视。

我想起1998年参加中国第一支女子长江源科学考察队时，沱沱河兵站的战士也是靠到几公里以外拉水吃的。对于牧民来说，他们到哪儿去拉呢？现在政府帮助一些牧民打了井，但守着江源，河里的水还是大多数牧民的主要饮用水。

再上路时，就看到了我们此行离得最近的雪山和冰川。只是冰川下的布曲仍然让我们很失望，不仅是水少，挖沙的现象也十分严重。

今天我们走的这一路都是沿着青藏铁路，所以不仅一直有手机信号，而且还有不错的土路。

有一点出乎我的意料，就在我们的车快要开到唐古拉火车站——世界最高火车站时，我突然发现，车窗外那尖尖的雪山不正是格拉丹冬雪山吗？那可是唐古拉山的最高峰！

1998年，我第一次去长江源回来后制作的广播特写《走向正在消失的冰川》中有下面这样一段，写了我初次见到的格拉丹冬雪山。我想抄录在这里，对我来说是回忆，对没有到过格拉丹冬的朋友来说，算是展现吧。这个广播节目得了1999年亚广联广播节目大奖。

（摘录）今天我见到了向往以久的格拉丹冬雪山。怎么给你形容呢？它像一把宝剑，高高地耸立在群山之中。除了洁白以外，我更多的感觉是它的孤傲。不然，怎么在众多的大山中，只有它才孕育出了川流不息的长江呢？

＜音响＞

狗叫：汪……汪汪……

孩子叫……

记者：到了格拉丹冬雪山脚下，就到了欧跃的家。孩子们很久没有见到父亲，一齐跳进欧跃的怀里，小狗也在一旁摇着尾巴。

世界最高的火车站——唐古拉站

<音响>

欧跃家帐篷里

打酥油茶……嗵……嗵……

酥油茶倒在碗里……哗……哗……

记者：上路前，欧跃的妻子不停地往我们的碗里倒着酥油茶。语言不通，从她的笑容里我能猜出来，她是让我们喝，喝……

<音响>

喝水声……

高原上的小鸟叫……羊叫……

牦牛上路……

记者：我骑在了牦牛背上，欧跃的妻子远远地站在他家的帐篷前，静静地看着将要随我们远行的丈夫。孩子们还围在欧跃的身边，抱着他的腿，搂着他的脖子，贴着他的脸。

<音响>

欧跃赶牦牛：哦呀……哦呀……

马喘气……牧民的哨声……

欧跃唱：……有好多好多的地方，但最好的地方还是藏北草原……我要选一匹最好、最俊的

格拉丹冬山下的女人

马（姑娘）自己一辈子骑……

记者：中国科学院地理学家唐邦兴教授是我们这支队伍的总指挥，他已是第二次进入长江源区。今天我们一边走，他一边给我讲着他眼中江源的变化。

唐教授：我们现在走的地方，原来都是沼泽，现在都没水了。河源区沙化面积在扩大，一万年来都是沼泽。沼泽地退化以后，草墩不存在了。这里是西风盛行带，加上牲口践踏，就把草皮掀开了，掀开底下都是砾石，成为了戈壁。

记者：唐教授还说，水土流失，直接能看到的就是泥沙量的增加。长江今年灾害这么重，和长江上游的生态变化都有关系。现在是小水大灾，大水就是重灾。

1998年我们到长江源时，正是长江下游发洪水的时候。到了江源后我们知道，那年的冬天和春天江源都有雪灾。迟到的季风使得本该在4月、5月下的雨到了7月、8月才下，这对下游的洪水是否有影响，并没有人去追究。

今年5月，长江源的雪灾对下游会有什么影

响吗？这和全球气候变化有什么关系吗？谁来回答？

火车已经把越来越多的内地人带到了西藏，认识青藏高原的生态、自然；了解西藏的文化、历史已成为一种时尚。

杨勇看到这里有房子不用搭帐篷，随之决定今天住在这里了。

青藏高原的晚上常常有大风夹着冰雹，所以能不搭帐篷睡在屋檐下，还是大家希望的。只是我们修车时听那两个岗尼乡的干部说，没有多远就能到乡里了，他们已经告诉乡里人等我们。杨勇停车要住在这里，是他认为乡里离这里还远得很，不能再走了。

我们此行所有的停、走都是杨勇说了算，因为他既是领队，也是队伍中唯一的科学家。我在黄河源时曾提过意见，有些事应该全队的人发表意见，但是并没有人响应。我们这支队伍并不民主。在高原，我也不知这是对，还是错。

接下来，我们就要进入长江源区了。在黄河源，还有小学；长江源，过了明天的岗尼乡，就要进入真正的无人区。1998年我们在长江源的无人区里，连走，带漂，整整一个月。出来后，看到电线杆子，同行的人都激动地大喊大叫，因为这说明有人了。人不能离开人。这次要进去多长时间，什么时候出来还是未知数。

这是我们就要走进江源无人区前的那个夜晚的人与景，明天我们将穿过岗尼乡，进入江源无人区。

防口蹄疫针

19 青藏高原的

AT THE HEADWATERS OF
THE YANGTZE | 煤矿

高原的石月亮

1993年，我在青藏高原采访时，听说在高原煤矿的矿工，职业病除了肺病以外，还有肝病。也就是说，高海拔对人身体的摧残是很严重的。

高原生物学，最初听说这门学科的时候，我觉得有点神秘。1993年在青海，当时中国科学院西北高原所所长杜继曾给我介绍了他们研究的中心任务主要是3个方向：

一是生态学研究。这一研究主要是解决草场问题，以及草场上能承载多少牛羊。这对发展牧业，恢复草

石固沙

场，使草场进入良性循环有着重要意义。

二是遗传育种。以现代分子生物学方法为基础理论，结合现在生物技术，包括细胞工程发展育种，主要是解决粮食问题。

三是解决环境适应问题。当时的重点是解决高原低氧的问题。青藏高原海拔高，稀薄的空气给人体和生物、动物的生存带来不同的影响。给人带来的还有一些是低海拔地区少见的疾病。

这次进入高原，和1993年我采访到的内容相比，人们对高原的认识，除了对身体、粮食的关注以外，开始更关注生态的变化。青藏铁路沿线的这些固沙的石头，不知是不是和青藏铁路一样，也是世界铁路史上的奇迹。网格治沙是中国的开创，而那网格是由草来"编织"的。青藏铁路旁的网格，则是由石头所"编"就。

青藏高原的铁路，不能不让我们为人类以这种方式与自然相处的勇气所感叹。但是，对于一群在青藏高原上关注中国江源的人来说，我们更多地把目光聚焦的，

不是故意挑的，而是一路看到的

还是青藏铁路旁流淌的河流、水系。

本来我们今天应该先看到唐古拉山下约10多公里处，路边的"土门煤矿"，然后就是岗尼乡。那里有一条岔道从青藏铁路延伸至草原深处。"土门煤矿"是西藏最大、海拔最高的煤矿，在20世纪60年代就开采了。

据资料记载，西藏只有两处煤矿，一处就是我们要见到的"土门煤矿"。它位于安多县西北75公里处，海拔4 800～5 200米，总储量1 495万吨，可利用储量555万吨。由于气候恶劣、交通不便、煤质量差、售价高、用户不欢迎等原因，已于1988年关闭。

可是我们沿着青藏铁路线走了两个多小时后再打听时才发现，我们车开的方向不是要去的岗尼乡，而是离安多县都不远了。没办法，只有再往回走。这对加油本来就是大问题的我们来说，真不是什么好消息。

记得1993年我第一次上青藏高原时，经常可以看见河道里的淘金者。如今，为了保护生态环境，西藏全面禁采沙金，今天我们所到之处的河流又重归了宁静。

我们一行4辆车，先是向安多方向开，然后又开向相反的方向。对于青藏高原来说，这不小的动静引起了警惕性很高的铁路公安的注意。虽然我们先是被他们叫停，细细盘查一番，然后就放行了。可是车开了没多久，我们又再次被铁路警察叫停，并让我们把车开到他们指定的地方去出示准入证。

已是中午时分，又回到了差不多是我们早上出发的地方。真是起了个大早，赶

高原的山　　　　　　　　山还是绿色的，水却只有涓涓细流

了个晚集。

得知我们没有准入证后，被告之要到安多县去开准入证才能继续进入江源无人区。之所以被盘查得这么严，我们猜想是因为刚刚发生的新疆事件。

我们唯一的办法，就是耐心地向他们介绍我们此行的目的和我们正要面临的挑战。

这些，没能说服他们对我们的放行。我们带的治理荒漠化基金会开的介绍信，他们认为对我们的身份没能解释清楚。

灵机一动的我拿出了随身带的一本我写的书《绿镜头》。上面有我10年前拍的长江源头姜古迪如冰川的照片。我本是想拿着书对比过去拍的冰川寻找今天的江源的。

我们的转机就是《绿镜头》的作者介绍、照片和我的身份证，拿给其中一位领导模样的检察官看后，原本很严肃的脸一下子有了表情。并说：是呀，你们做的事不简单。把身份证号码记下来，走吧。

真没有想到，本以为很复杂的问题，一本《绿镜头》就解决了。要不是我只带了一本，还要对比着在江源拍照，我就把这本书送给他们了。

我们的车再次向江源开时，看到了已经关了张的"土门煤矿"。青藏铁路通车后，一些专家最担心的是随之进入青藏高原的对资源加大开采力度的队伍。我看到过的一些报道甚至说，沉睡

雪山下的开采

开采后

留下了过去

的矿藏就要苏醒了。生态如此脆弱的青藏高原，经得起这样的苏醒吗？

　　杨勇告诉我们，在高原上挖煤，除了对高原上生态本就很脆弱的植被造成毁灭性的破坏以外，还有对地下水源的影响。岗尼乡的人喝的水质本来就不好，再加上前些年的挖煤，使得地下水源系统遭到了更重的污染与破坏，这对人的健康构成了极大的威胁。而且，随着青藏铁路的开通，这个问题以后在青藏高原会越来越严重。

　　"在这方面，媒体的报道应该起到引起更多人关注的作用"。杨勇特别对当时在场的几家媒体的记者说。

　　在前往江源的路上，杨勇接到沿海城市电视台的电话，希望我们能采集到黄河、长江源头的水。今年中秋节的时候，他们要举行一个活动，并邀请两名长江源头的孩子到台湾，把黄河、长江源头的水倒入台湾的日月潭里。这让我们此次活动的内容又有了增加。

问候来自长江源

岗尼乡小学，是离长江源最近的小学。这里的学生知道台湾吗？我们到了岗尼乡，走进了小学，走进了孩子们的教室。向这些江源的孩子提出：说说你们眼里的台湾。

长江源头，台湾，距离那么远，孩子们能知道吗？

江源的孩子们学过课文，日月潭几乎每个人都知道。谁知道台湾现在的领导人是谁，有一个

江源的长住"人口"岩羊

江源的小学

女孩小声说：马什么九；还知道什么？台湾选举是举手，民主。这个问题出乎我们的意料。问她怎么知道的。她说看电视。

江源和内地一样，媒体影响着孩子。在摄像机的镜头前，孩子们跳着向海峡那边的孩子们问了好。不知这段录像在台湾播放时，台湾的孩子们又会怎么想象生活在长江源头的孩子们呢？

离开岗尼乡，我们就真的是要走进长江源无人

7月冰

区了。1998年，我随中国第一支女子长江源科学考察队进入长江源无人区时知道，20世纪80年代拍摄电视纪录片《话说长江》时，在无人区里只看到3顶帐篷，那是夏季江源临时的住家。可1998年我们去时，每天都能在长江源无人区里看到几顶帐篷，最近的一处固定住房，已经盖到了离长江源姜古迪如冰川3公里处的地方。不知这次，人

领略高原的夏天

多，对江源还意味着什么？

　　这就是我们前往江源的路上。有动物，有河冰，也有我们这些正在过着夏天的人对冰的世界的好奇与刺激。

　　推车，在我们已经走过的路途中是常事。在长江源，这样的征程还会有多少，是

扎营

江源的月亮

我们无法预测的。天还没有黑的时候我们就扎营了。问了牧民，明天的路上有几条大河，怎么过，车能过吗？车要是过不去就要走。1998年，我们预计要开3天车的路程，只开了半天都不到，然后接下来就是整整走了11天，才走到格拉丹冬脚下的姜古迪如冰川。那次，从长江源头姜古迪如冰川我们是漂了13天，离开无人区，回到沱沱河大桥的。

望着江源如水的月亮，我们期待着早日见到冰川。

20

网状水系

哺育长江成长

2009年7月8日，早晨从帐篷里一出来，天就是阴沉沉的。在高原，虽然冰雹、雨雪并不会一下就是一整天。但要是阴天，那可真是冷得令人难以承受。特别是过河，对我们的车，对我们来说，都是考验。高原的河，是冰河。

昨天我们在土门废弃的煤矿时，杨勇就说，人为地开矿，对江源的影响特别大。开矿使地下水径流被截断，植被破坏后的沙化和土地的塌陷，都会威胁

围栏

寻找地质遗迹

江源的生态与自然。而青藏铁路的修建，使得一些自己国家的生态保护得很不错的商人，像加拿大，也打着旅游的旗号青睐于青藏高原上的矿产，实在是让人不知怎么去面对。高原的人也需要发展。可是在那里的发展能和在平原一样吗？

这些年，很多在草原地区从事研究工作的科学家，对草原上的围栏提出质疑。

草原上，这些围栏虽然可以圈住一家一户的牲畜在自家的草场上放养。可是在辽阔的草原

上，不仅有家养的牲畜，那里也是野生动物的家园。这些围栏给野生动物的生活空间和迁徙通道造成了障碍。

我们进江源时，从岗尼乡找的向导乌卓，汉话虽然说得不好，但是，站在这一堆一堆的铁丝前，眼看着江源那么辽阔的草原要被围起来，他是满脸的不高兴。

我们人类对大自然的认识虽然需要时间，但有些已经知道的错误还在犯，就真需要我们的科学家和媒体人站出来说话了。

1998年，我随中国第一支女子长江源科学考察队到长江源时，中科院山地研究所的唐邦兴研究员在接受我的采访时就说过：长江源区因海拔高，气候寒冷，终年以固态降水为主。因此，这里成为青藏高原现代冰川分布较集中的地区之一。根据冰川编目统计，江源区有现代冰川627条，冰川面积1 168.18平方公里，分别是长江水系冰川总条数和总面积的47.1%和61.6%。

在长江源区，大多数河流、湖泊水体矿化度较高，水质较差。没有去长江源以前，我以为，江源的水一定是洁净的，没有想过它会因矿物质多而被认为是较差的水质。很简单的道理，往往因为我们知识的缺乏，没准就会使这些错误的概念在脑子里呆上一辈子。所以这些年来，越是走

雪山下的江源

这样过河是常事　　去拉车

进自然越发现，我们对自然的了解太少、太少了。越是觉得进过江源的人，有责任将这些知识广而告之。这种知识与信息的传递，是关爱自然的重要组成部分。

1998年，唐邦兴还说，江源的冰川，作为最洁净的天然淡水，在长江源区资源相当丰富。每年冰川融水对河流的补给量至少占河源区河川径流量的25%。

这次，队伍中唯一的科学家杨勇没有向我们这些记者说这些。他倒是对今年《中国国家地理》第三期上有关江源之争的说法很不以为然。

他认为格拉丹冬雪山发源下来的水量，占整个长江源区水量的80%左右，当曲只有20%，楚玛尔河汇合的水就更少了。

长江三源楚玛尔河、当曲、沱沱河汇入的水量分别为10%、20%、60%。

《中国国家地理》第三期在探讨长江源时，有专家要改长江源为当曲的理由是，最新测定当曲要比沱沱河长。

杨勇说，如果沱沱河的冰川要认真量一量，说不定还要更长一些。

《中国国家地理》第三期说，当曲的源头也

发源于冰川。

杨勇说，当曲的冰川不是直接形成径流，它是渗漏在盆地形成浅层地下水，泉眼。因为当曲的源头在唐古拉山脉的东部，那边冰川已经非常少了，唐古拉的冰川主要还是分布在格拉丹冬。

此行，能找到比姜古迪如冰川更远的沱沱河的源头，是杨勇的目标之一。

想去江源，就要在这样的路上向前、向前。

1998年，我们是徒步进的江源，看到格拉丹冬雪山和姜古迪如冰川的。这次是开着车。我们希望只要车能开，只要水能冲过去，泥里能拔出来，就不放弃我们的车。

1998年走向长江源时，我采访到这样一些数据，历史记录表明，从公元前185年至1911年的2 096年间，长江共发生较大的洪水灾害214次，平均10年一次。20世纪20—70年代，共发生较大的水灾11次，大约6年一次。80年代以来，长江水患频率急剧提高，几乎一年一小灾，两年一大灾。1998年发生的特大洪水，其流量小于1954年的流量水平，但在近两个月的时间内，水位却连创历史新高。虽经百万军民奋力抢险抗洪，仍造成人民生命财产的巨大损失。

这次到江源写江源，我一直都在感叹全球气候变化最敏感的江源太寂寞了，实在是没有引起国内外应有的关注。

地球上有水圈、大气圈、岩石圈、生物圈。青藏高原的生态环境体系构成十分复杂，广泛涉及这四大圈。因此有人评价：青藏高原可以称为是全世界地球科学领域的一个实验室，它比南极、北极的意义更大。即使是把南极、北极搞清

挖个水坑就扎营

水天一色

楚了，不了解青藏高原，依然不能说清全球环境和气候变化的原因。青藏高原是解开地球奥秘的一把金钥匙。

2009年5月，长江源下了十几天的雪，这场雪灾致使一个小小的岗尼乡就死了10 820头牲畜，外面的世界知道吗？江源雪灾对为我们守着江源的牧民来说，是在默默地承受着越来越大的挑战。

11年前我来江源时，专家已经在说江源的变化。今天翻出那时的照片来看看，现在和那时又是没法比了。

我们走在这片看起来都是沙石的江源时，一走一陷。向导下车找路时，像是走在了海绵上。

每一个人也都试了，真的有弹跳性。在上面练体操是很不错的"垫子"呢。可是看看1998年的那张照片，我想起来，那次我写的更多的是，我们走在高原的草甸上，软软的，像是走在绿色的地毯上。10年的时间，10年的变化。草甸成了沙石滩。

虽然才是下午，离天黑还早着呢。杨勇决定还是不走了，扎营，然后找路。

从江河源区走向冰川，因为是在江源的一个冰川流经的网状水系里行走，找路就成了我们走向真正源头的几大挑战之一。

明天，我们将继续向母亲河长江源的冰川走去。我们能把长江源头再向前延伸吗？

21

幼年长江两岸的

AT THE HEADWATERS OF
THE YANGTZE 奇山怪石

像不像一匹一匹的布

碎屑泥石流与"人脸"

2009年7月9日，我们已经越来越靠近冰川。杨勇认为我们此行很有可能刷新长江正源沱沱河的长度。

今天，我们走的峡谷，不知是长江的哪一条支流，应该说是还没有人正式为它命名。地质学家杨勇认为五颜六色的岩石峰林地貌可以称为是风蚀喀斯特。这些看起来很有特色的绝壁，其实，说明的是融冻和风力风化的十分严重。

从GPS上看，我们离长江正源姜古迪如冰川直线距离还有20公里左右。姜古迪如冰川是于1976年被定为长江正源的。

欣赏着峡谷两岸的奇山怪石，有的像鹰，有的猛一看真像是一张武士的脸。这些，不能不让人再次觉得把大自然的神奇称为"鬼斧神工"更贴切。

风蚀喀斯特

不过，这个峡谷虽精美绝伦，但走起来可不轻松。

杨勇说，格拉丹冬雪山在这边有两个雪峰群，西边是尕恰迪如雪山群，东边就是格拉丹冬雪峰群，中间是个宽谷地。我们要尽量往格拉丹冬靠拢。从地图和GPS看，翻越分水岭的山脊海拔不是太高。假如碰不到牧民，车无法推进，我们就只能徒步了。

怎么徒步？带个照相机、背个睡袋，如果再背得动，就背上垫子。帐篷是不能背的，太沉就走不动了。说是海拔不高，也有5 000多米呢！雪山里面住一晚上，如果能够碰到牧民，那就好了。就有牦牛骑，也有帐篷住。否则，我们就要自己走到那个海拔已经超过5 000米的山脊下面忍一夜。这对于我们的此次考察，或说对于中国有史以来的江源考察，都是一次历史性的穿越。

既然是历史性的穿越，眼前的一切当然都是新鲜的。让人忍不住想——"装"进镜头。

杨勇说，我们将要找到的长江新源的冰川有3个，其中有一个北冰川，北冰川的冰舌长度比姜古迪如冰川稍长一些。冰舌端已经是冰塔林，比较发育。冰川的坡度没有姜古迪如冰川陡。

中部冰川和南部冰川，就是新源中间的那条冰川和南边的冰川，冰舌较短，冰塔林不发育，冰舌端呈圆滑状，冰体表面平滑。

在南冰川南侧的一个山坡上渗流出一股最初源流，我们此次一定要争取测得它的地理数据。如果测到，估计会比原来长江源点的长度延伸近20公里。

我们的车开在这样奇妙的大山、峡谷中。我问杨勇：你眼下的感觉是什么？从生态、从全球气候变化的视角，怎么看待我们眼前所看到的这一切？

杨勇说，格拉丹冬的雪山发育了长江外流水系和藏北内流水系，其自然景观，一个就是冰雪碎屑型泥流，不是泥石，是碎屑流。碎屑流广泛发育；地表浅层伏流也较发

雪山下的牧羊人

车镜中看到的我们

我们的车在这没有被人类行走过的峡谷中穿行

牛儿还在山上

江源的石

育；地表植被稀疏；群落性植物几乎没有，就是没有主力群落植物，所以生态极其脆弱。

这些水系的冲刷强度剧烈，河谷地貌变化很大。内流水系最终流到哪里去了？流入了藏北内陆湖群。

另外，这些内流水系的湖泊已经全部演变为咸水湖，没有淡水湖了，甚至是盐湖。这不仅说明蒸发量大于降水量，而且内流水系的自然生态景观极其脆弱，灾害性气候较多；夏季冰雪消融较大，可能在冬季的时候都要断流。

格拉丹冬内外水系的分界线，在目前这样的地貌和冰雪碎屑作用下，可能会发生改变。因为我们看到很多地方的分界线是很脆弱的，地表冰雪碎屑流的厚度也很大。

这种碎屑的变化大说明什么问题？说明内流水系会扩大。从眼前地表、地貌的条件来看，内流水系的地貌活动要活跃得多。如果内流河的水系活跃，就会侵犯外流水系，也就可能会发生内流水系扩大，外流水系缩小。

格拉丹冬冰川的冰雪融水，现在有一半是供应给了内流水系。这些内流水系只留在了内陆区，而不会随大江东流。这对我们通常人所看到的长江会有影响吗？当然会。

杨勇：这就是湖了，要翻过这个分水岭才能到达长江水系的外流水系。没有翻过这个分水岭，就只是到了内流水系的沿途。

杨勇：现在整个青藏高原的气候在变暖，尤其是夏季。我们这两年的感受是什么呢？白天这些冰川大量融化，水流滚滚。而且是沿着冰川底部进行分流而下，水深且大，有着巨大的冲蚀和消融能

内流与外流的交界

力。这种冰雪消融的现象，第一它会掏蚀冰川底部的那些根基物，或者会掏蚀冰床，在严重的时候会导致冰川解体，加速它的消融。

另外，根据我们沿着冰川侧面走、看，这些冰川融水的冲刷能力非常强烈，一个是它直接从冰川底部进行冲刷、掏蚀；再一个导致冰川两侧的岩石、山体产生一些小的崩塌，或者是一些泥石流。这个过程在中午到下午3点钟的时候最强烈。一般早晨和夜间，这个消融过程就要减缓一些，我们今天早晨到冰川前端去接水时就已经没什么水了。

总的来讲，冰川区域的这些地貌形态是很脆弱的。一个是在气候变暖的这种背景下，它可能会逐步改变冰川稳定的条件；再一个是在极端气候条件下，可能会加速这种冰川承载条件的改变。

水系的分界　　　　准备徒步

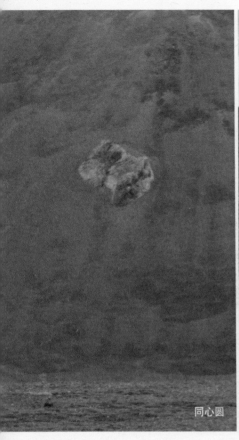
同心圆

这里的长江将引导我们到江源

　　虽然，今天傍晚时分我们看到了牦牛，但是我们已经走过了牧民的帐篷，所以我们还是搭起了我们最终扛上来的两个帐篷。对我来说比较好的消息是，明天能有一头牦牛让我骑，有两头牦牛帮我们驮行李。今天我们徒步走了不到两个小时，不管是年轻的，还是有经验的，在海拔5 000米的高度背着行李走，都是太沉重的负担。

　　在帐篷里记下这些时，我憧憬的是明天能拍到冰塔林，杨勇兴奋的则是能把长江"拉"长。

　　今夜，帐篷外仍有冰雹和大风的陪伴。

22 长江是

滴出来的

出发

　　2009年7月10日，我们还没有起来，牧民已经牵着牦牛来到了我们帐篷前。他们牵来的3头牦牛将驮着我们的行李和我，走向真正的江源。

　　1998年，我随中国第一支女子长江源科学探险队到江源时，是徒步和骑牦牛到的长江正源沱沱河的姜古迪如冰川。有文献记载长江有600多条冰川，也有记载是300多条。

　　要说过去把一条一条冰川数清楚不容易，不过现在有卫星遥感图片，要说数清楚并不是难事。但是这次走江源之前，我仍然无法找到一个长江源到底有多少冰川的准确数据。

　　不过，不管长江源有多少冰川吧，我们这次走的不管是长江源区的路、长江源区的山、还是水，用杨勇的话说，都是人类第一次踏上的地方。

　　没有冰川的准确数据，全球气候变化对最敏感地区的影响，到底造成了多么大的变化，能有准确的数据吗？

鲁谷比尼冰川

鲁谷比尼冰川虽然没有人来过，不过藏族牧民还是给它起了名字。

前面我说了，我们这次江源行有一个额外的任务，就是要接一瓶长江源的水。因为今年的中秋节，沿海城市的电视台将要和台湾的电视台一起把黄河、长江源头的水倒进日月潭。我们已经录下了离长江源最近的小学——岗尼乡小学的孩子们向台湾小朋友问候的画面，今天能接到江源冰川的水，任务就算完成了大半，剩下的就是怎么能安全地带到日月潭。如果我们能找到长江新源，接到新源冰川水回去，那当然是更好了。

最初的长江就是这样滴出来的

接完水以后，我们就走进了鲁谷比尼冰川。按GPS显示，我们今天没有向原来的正源姜古迪如走，而是向20公里开外的新源走去。

长江源，对我来说并不陌生，而且有一些美好的回忆。

11年前，在靠近姜古迪如冰川前时，我们一队女子探险队员手拉着手，从离江源只有3公里的江源第一家出来后，天阴了。

早上出发前，我让各位同仁在我的话筒前描绘一下他们心目中的江源、他们心中的姜古迪如冰川。听听他们是怎么说的：

进入鲁谷比尼　　　摸一摸新生的长江

"我觉得可能到处都是白白的冰川，每一个冰川的每一条缝里都流出潺潺的小溪，然后水越汇集越大。"

"我想象高原的风光要漂亮点，但这几天走下来，觉得挺单调。想着母亲河应该更大一点，更汹涌、更广阔。可到目前为止，看了几条支流，才知道母亲也是这么平凡，这么质朴，是慢慢地一点一点地变得伟大起来的"。

"想象中的母亲本来是慈祥的，可这几天走下来，更感觉到，就像是女人在分娩。母亲河的孕育也有这么长的一段痛苦过程。至于冰川，总应该是冰清玉洁，像一座座雕塑吧"。

这些都是在没有见到冰川前队员们心中的想象。

在高原上，头顶上只要有一片乌云，那下雨、下雹子、下雪就是马上的事。那天，我们刚

鲁谷比尼冰塔林

走进冰川

刚已能看到点影子的冰川很快就被云彩挡住了。接下来就是叮当五四的雹子砸在我们的头上、脸上和身上。不一会儿，眼前已是白色的世界，冰雹变成了雪。我们是踩着咯吱咯吱的雪走到姜古迪如冰川的。灰蒙蒙的天，灰蒙蒙的冰川，迎接了我们。同行的一个队员从地下捧起一把雪，说是在吃大自然的冰激凌，好吃极了。

那天，我们到达姜古迪如冰川时，虽然已快傍晚7点了，但高原上的太阳要到 8 点钟才会离开地平线。就在我喘着粗气，坐在燃烧着牛粪的帐篷里歇着时，有人在外面喊开了，快出来呀，太阳露脸了，夕阳美惨了！

那天，早上还说想象不出姜古迪如冰川会是什么样的妖媚，一出帐篷就在地上打了3个滚，

一个人的行走

并当众宣布，我的婚礼要在冰川前举行。

　　冰川夕阳中最后的辉煌是短暂的。夜里，我们的帐篷上，再次响起了冰雹的敲打声。

　　第二天早上，没有日出，我们帐篷门的拉锁被雪埋着，费了好大的劲才打开。1993年到过冰川的陈小邳，前一天晚上找了半天那次他们埋下的写有长江源头的牌子，可是没能找到。小邝告诉我们，比起1993年，冰川至少退后了100多米。我们这次安营扎寨的地方，他们那次来时是冰湖和冰大板。而现在，我们踩着的已是砾石了。

唐邦兴教授就职于中国科学院成都分院。1986年那次江源行他是总指挥。今天，已是六十好几的他，站在冰川前同样是感慨万千："姜古迪如，面目全非了。过去简直就是一座冰雕的博物馆，冰塔林、冰笋、冰牙，壮观极了，现在的冰川向后退缩了300多米不说，鬼斧神刀的'冰雕'都不见了。如此下去，可能用不了多少年，姜古迪如将不复存在。"

"冰川为什么会退缩？"我问唐教授。唐教授拿着手里那张1964年航拍的地图

我后面的两人在冰川中行进

试图走出冰墙

再次感叹道："全球气候变暖，对冰川的消融会有影响，但影响有多大我们不知道。过度放牧，你看现在牦牛都放到冰川上面去了。这里的植被非常脆弱，草皮一旦被破坏了，就再也长不出来了。说来让人难以置信，被称为中国母亲河的长江源，我们还从来没有进行过一次全面、系统的科学考察。也就没有任何数据来说明，江源的冰川为什么在快速退缩。"

11年过去了，对江源冰川的全面科学考察，显然还是没有进行过。虽然气候变化，已经成了

上上下下，走在海拔5 600米的冰川中

世界上政治家，经济学家、生态学家谈判桌上少不了的话题。

青藏高原是气候变化的敏感区，并且具有超前性。这点已在科学界达成共识。可是，要想真正了解江源、认识江源，科学家们还有许多难言之苦和困难。

1998年我采访的一位科学家告诉我：为了了解江源的植被情况，他们曾从山上挖了一片草皮带回家分析研究。让他没想到的是，来年他再去的时候，原本绿绿的一座山，竟成了秃山。

江源冰川的年轮

一片草皮的取舍真能影响一座山吗？神秘的青藏高原，生态脆弱的世界第三极，科学家只能感叹：你对我们人类来说，真是太陌生了，我们太需要了解你了。唐教授说，1986年他们到江源来时，离江源最近的雁石坪乡还有一个水文观测站，这次来，已经没有了。而我们这次去，虽然水文观测站又有了，但是他们只管记录，并不做任何分析。

本以为，自己可以跟上杨勇他们前面走着的几个年轻人。可走着走着，就刮起了狂风，接着大冰雹就下来了。我一个人没地方躲，就坐在冰川前等着冰雹过去再走，忙里偷闲还自拍了一张照片，这样一来就落了队。不过，好在我后面还有两个队员也在冰缝中艰难地走着。

冰雹下了有20多分钟，再往前走是一座冰墙立在眼前。

走出了冰墙，却再也找不到了前面走着的杨勇他们，向导也让他们带走了。带走的还有我的冲锋衣。开始因为走得热，向导就帮我拿着了。

我们后面的3个人没有GPS，也没有吃的、喝的，只有继续按我们认为的方向走。唯一的一个小伙子陈显新说他爬到山上远望一下，看是不是能看到前面的人。我和新华社的女记者刘伊曼走进了另一个冰川峡谷。

刘伊曼说她要方便一下，让我在前面边走边等着她。可是，我愣是再也没能把她等来。从上午10点出发，这时已经是下午4点了。在海拔5 400～5 600米的山间与冰川的陡坡上走了6个小时的我，又经历了大风和冰雹的洗礼，已经没有一点力气了。

人在面对难以克服的困难时，喜欢展开想象的翅膀，特别是在高原上。

在蓝天白云和冰川面前，我想了这样两句话，准备实在走不动时就写在雪地上，然后用我的相机拍下来。

对了，江源的雪真好吃。这是我今生第一次觉得雪那么好吃。6个多小时的高原行走中，只有雪是我唯一可以往嘴里放的，可以嚼的，可以咽的物质。

我想写的两句话，一句是：为了杨勇，我来了。因为我是参加他组织的队伍——"应对全球气候变化，为中国找水"来的。

另一句话：因为杨勇，我留下了。我本以为我们是一支队伍，大家即使不一起走，也应该知道要走的方向，也应该互相结个伴，有个照应。这里可是无人区。但是杨勇带着几个年轻人和向导走得无影无踪。我不知道再该往哪儿走，我也走不动了。

然而，我没有写，我从小就知道一句话：坚持就

顺着这条小河能到新源

是胜利。我还可以坚持。这些年在大自然中的经历，我也明白了，人的极限是可以挑战的。很多时候人类不是在征服自然，而是在征服自己。

我坚持着向前走，还爬上了后来才知道的海拔5 600米的大山。在山上时，我看到了一个虽然不大，但是长在冰川中蓝蓝的湖泊。那湖的色彩和1998年我在长江源姜古迪如冰川看到的湖也不一样。真蓝。在云雾中，它像是蒙上了一层面纱。

冰墙、冰湖，给了我继续走的力量。它们太美了。

冰湖，藏在高原、藏在深山、藏在峡谷，在我们要应对全球气候变化的时候，它们对我们来说有着特殊的意义。我要把它们"带"到人间，让更多的人认识它、欣赏它、研究它、关注它。

坐在这雪山的怀抱中，我突然觉得有没有和杨勇一起见证新的江源并不重要。此时，我不就坐在一条条冰川，一条条江源的怀抱中吗？群山、群江，它们的汇集，比一个冰川的力量更大，比一条江源更宽阔。

我就这样久久地凝视着那群山、那群江，那如同刚刚从母亲的怀抱中分娩的、自由而任性的江水。我知道，它们会带着我踏上回营地的路。

再次见到杨勇，是在冰川峡谷中，天色已黑。他们找到了新源。今天我们都在海拔5 400～5 700米的江源走了12个小时。

杨勇看到我一个人在峡谷里往营地走时就说了4个字：你真伟大！

其实，他们今天的行走、测量，见证了新的长江源，才真的是非同凡响。与他们比，我还能说什么呢？那一刻，我没告诉杨勇我差点就在冰缝里写的：为了杨勇，我来了；因为杨勇，我留下了。

杨勇他们把长江源头从过去定的另外一条冰川——尕恰迪如冰川，通过GPS定位，把长江源沱沱河的长度向前推进了20多公里，定位了新的长江源头。

见到杨勇，也证实了一个我不愿意相信的事实。

2007年冬天，杨勇从长江源考察回来，在环境记者沙龙上告诉记者们，1998年我在长江源拍的姜古迪如冰川前端冰舌的冰塔林全都融化了，我当时还不太相信。可是这次，杨勇说，他们从格拉丹冬拍到的姜古迪如，还有冰舌，但像冰塔林似的冰川，没有了。

今天太累了，我已经没有力气记下杨勇他们新定的江源位置。明天吧，明天我要把这新的纪录写在我的江源纪事中。

23 长江正源新的

AT THE HEADWATERS OF
THE YANGTZE 发现

2009年7月10日，地质学家杨勇、自由摄影人周宇和旅游卫视编导杨帆、袁晓锦及家住长江源头的藏民乌卓，沿长江正源沱沱河前行。经过近8个小时的高原行走，把长江源向前推进了20多公里。最终定位新的长江源头在：

北纬33°23′644″

东经90°53′727″

海拔5 706米

2007年冬天，杨勇从长江源考察回来，在环境记者沙龙上讲1998年我在长江源拍的姜古迪如冰川都融化了，我当时还不太相信。可是这次，我们虽然没有走到姜古迪如冰川跟前，但是杨勇从格拉丹冬拍到的姜古迪如，不能不让我面对现实。如今的姜古迪如还有冰舌，但像冰塔林似的冰川，真的没有了。

不知，11年前拍到的长江姜古迪如冰川，是不是绝照，是不是绝版？

在2007年11月22日召开的联合国政府间气候变化专门委员会（IPCC）第四次评估报告综合报告新闻发布会上，国家气候中心副主任罗勇表示，全球变暖将造成中国降水分布的改变。

罗勇说，气候变化对水资源的影响是我们非常关注的问题。从已经观测到的事实来看，过去50年以来，中国的六大主要江河径流量都呈下降趋势，特别是北方河流下降幅

从长江新源最初源流看到的姜古迪如冰川　杨勇　摄

长江正源沱沱河原确认的发源地姜古迪如冰川　杨勇　摄

长江正源沱沱河原确认的发源地姜古迪如冰川，前景为尕恰迪如冰川群发源出的河流　杨勇　摄

度最大，比如淮河和黄河。在这样的背景下，北方地区的地下水位下降比较明显，地下水资源锐减。

罗勇表示，水资源的变化，一方面给生态系统造成了很严重的负面影响，另一方面也给工农业用水的供应带来很大的影响。根据IPCC第四次评估报告的预测，未来100年全球的降水和水资源，将在中纬度地区进一步减少，在中高纬度地区有可能增加。

"对于中国来说，由于我们处于东亚季风区，所以未来的降水和水资源变化跟全球相比有独特的特点和复杂性。"罗勇表示，按照中国学者的预测，东亚季风区尤其是夏季雨带的变化，有一个明显年代变化期的规律。按照这个分析，再结合全球变化的大背景，中国学者预测，未来我国降水分布有可能向北方移动，比如说现在的夏季降水形势是南涝北旱，未来有可能转变，可能变为南旱北涝。

新华网北京2008年1月21日电多国科学家近日发表的一份对南极大陆沿海冰河的详细调查报告证实，全球变暖导致南极冰层的年消融速度近10年来激增了75%。

据法新社报道，美国航天局喷气推进实验室的埃里克·里尼奥带领5个国

采集长江新源最初的源头水 杨勇 提供

冰川底部被消融的水流掏空，形成冰体垮塌

家的科研人员进行了这项研究。他们用4颗卫星上的干涉测量雷达对南极大陆的周边进行了测量，并且绘制了图像。

他们的科研报告说："在我们测量期间，南极冰原整体流失很严重。近10年来损失增加了75%。损失量相当于全球海平面平均上升了0.5毫米。"联合国政府间气候变化问题研究小组2007年发表报告指出，1900—2006年，全球的海平面上升了10～20厘米。该小组还预测，到2100年全球海平面还会再升高18厘米。

最新的研究表明，冰河很可能对冰原消融速度起决定性作用。

我们去的是长江源头。可是我在这里引用的资料只能是国际科学家对南极冰源的研究。原因是，有关长江源最新的研究及数据实在是太少了。我们此行12个人，除了杨勇是地质专家以外，其他的除了媒体人，就是杨勇的喜欢探险、喜欢大自然的朋友。这不能不大大降低我们此行的科考价值。

而我们面对的是什么呢？是全球气候变化

在自然中 李国平 摄

在江源的严重影响。

　　在中国，冰川和高山积雪是调节西北水资源量的"固体水库"。气温升高使冰川消融加速、雪线退缩。据甘肃和青海两省气象局提供的资料，专家估算在过去40多年间，西北地区冰川面积约减少了1 400平方公里，雪线上升了30~60米，直接导致部分内陆河源头来水量显著减少。

　　近20年间，西北部分地区年降雨量增加，时空分布却更加不均，很难被有效

江源的河床 李国平 摄

江源的石头

利用。同时，伴随气温升高、冰川和高山积雪消退、湖泊湿地萎缩、蒸发量加大，各地可用水资源基本呈现进一步减少趋势。据中国工程院西北水资源项目组一项调查显示，目前西北水资源总量仅占全国的5.84%，人均水资源占有量只占全国人均水平的80.5%。

在预计未来西北地区水资源形势时，专家普遍认为气候可能变得暖湿。但由于西北地区降水基数过小，增加的降水量不可能从根本上改变干旱气候区的基本状况。而且随着气温不断上升，冰川、高山

尕恰迪如冰川发源出的沱沱河源流　　　　　　　　　尕恰迪如冰川与姜古迪如冰川隔谷而望　杨勇　摄

积雪和冻土等固态水体加快消融，蒸发量也会继续增加。

　　据中国气象局提供的资料，专家预测未来50年西北地区平均气温可能上升1.9～2.3摄氏度，由此可能导致冰川面积将比目前减少27%，其中面积两平方公里左右的小冰川将基本或完全消失。加上生产和生活用水持续增长，预计2010—2030年，西北每年约缺水200亿立方米。

　　杨勇一路在江源走，除了寻找新的江源，寻找江源的水系流向，也在寻找着江源的石头。对于地质学家来说，这一块块石头，都在诉说着江源的地质变迁、江源的生态、江源的构成、江源的故事。

　　不知道，今年年底在丹麦首都哥本哈根的全球气候变化大会上，杨勇这次在江源的考察以及全球气候变化对第三极——中国青藏高原的影响，能不能引起国际社会的重视，甚至，有关长江源变化中的生态环境的照片，关注全球气候变化的政治家、经济学家、科学家能不能见到都还是个问题。幸好，现在是互联网时代，我们一行12人在江源，经过努力拍到的江源的美和江源的问题，能够展现在这里。

　　2009年7月11日，在我们已经开始往回走的路上，江源网状水系中的又一座雪山，让我们的车头调转了方向。那里的江源再次吸引了我们。

24 走向江源的

母亲群"雕"

寻找雪山下的江源

写这篇文章时，我已经离开江源，回到北京。在绿家园江河信息上我看到两篇文章，一篇说的是：中国科考要确定长江三源之一当曲的且曲为长江源；另一篇是长江源区的冰川退缩在加快。

我们在江河考察时，一而再、再而三地感叹已经写了很多，也非常希望能通过我们的呼吁，让更多的人关注全球气候变化对中国青藏高原的影响。江源的考察真的很艰苦。可江源的考察又意义重大。在江源，更有在大自然中的享受。不身临其境是无法想象其中的滋味与乐趣的。

寻找母亲河的源头，对热爱大自然的人来说，那就是乐趣中的乐趣。

我在前面的文章中写过，杨勇对2009年《中国国家地理》第三期上有关江源之争的说法很不以为然。他认为格拉丹冬雪山发源下来的水量，占整个长江源区水量的80%左右，当

尕恰迪如冰舌前的营地

曲只有20%，楚玛尔河汇合的水就更少了。

长江三源楚玛尔河、当曲、沱沱河汇入的水量分别为10%、20%、60%。

《中国国家地理》第三期上，有人要改长江源为当曲的理由是：最新测定当曲要比沱沱河长。杨勇说，如果沱沱河的冰川要认真量一量，说不定还要更长一些。

杨勇说，当曲的冰川不是直接形成径流，它是渗漏在盆地形成浅层地下水，泉眼。因为当曲的源头在唐古拉山脉的东部，那边冰川已经非常少了，唐古拉的冰川主要还是在格拉丹冬。

所以，此行能找到比姜古迪如冰川更远的沱沱河的源头，是杨勇的目标之一。

可是，当我带着杨勇新测定的沱沱河新的长江源——尕恰迪如冰川的照片，登上从拉萨回北京的飞机时，飞机上提供的《成都商报》上我看到了这条消息：

长江与澜沧江分水岭处立起的标志性石碑

国家
地理标志

三江源头科学考察队

2008年9月

长发女

□ 当曲的且曲源头应为长江源头
□ 卡日曲的那扎陇查河源头应为黄河源头
□ 扎阿曲源头应为澜沧江源头

人民网西宁7月16日电 （记者陈沸宇）三江源头科学考察成果日前通过专家组评审，长江、黄河、澜沧江的源头地理坐标被正式确定。据考察，根据以河源为远的原则，当曲的且曲源头应为长江源头；卡日曲的那扎陇查河源头为黄河源头；扎阿曲源头应为澜沧江源头。这些科考成果在通过评审后，还要经过法定程序审核批准。

"三江源头科学考察"由青海省政府组织，国家测绘局指导，武汉大学测绘学院技术支持，青海省测绘局负责实施，在2008年9月6日启动。科考队队长为青海测绘局副局长唐千里，首席科学家是中科院遥感应用所的研究员刘少创，两院院士孙枢、陈俊勇加盟。

考察活动主要是为了科学、合理、准确地确定长江、黄河、澜沧江源头的地理位置，准确测定其坐标、高程等重要地理信息数据，为各项科学研究提供依据。

位于青藏高原腹地的三江源地区，是长江、黄河、澜沧江的发源地。此次考察是我国首次进行的三江源头大规模科学考察活动，历经41天，行程7 300多公里。无论从技术力量、人员构成乃至后勤保障等方面，此次科考都堪称中国历史上规模最大、科学门类最齐全、技术最先进、阵容最强大的一次。

新的三江源头是如何确定的？

按照国际上河流正源确定的3个标准，即"河源唯长"、"流量唯大"、"与主流方向一致"的标准，同时考虑流域面积、河流发育期、历史习惯。

本次科考采用的确定河源的标准与方法是："按照国际上河流正源确定的3个标准，即'河源唯长'、'流量唯大'、'与主流方向一致'的标准，同时考虑流域面积，河流发育期、历史习惯"。

这次科考以当曲与沱沱河的交汇处囊极巴陇为起算点，当曲最长的源头——且曲长度为360.34千米，比沱沱河最长的支流尕恰迪如冰川末端的长度348.63千米长11.71千米，比沱沱河支流姜古迪如冰川末端的长度343.72千米长16.62千米。同时，当曲的流量和流域面积均大于沱沱河，历史上人类在长江源区的活动也以当曲年代为久，历史记录为多。因此，当曲的且曲源头应为长江源头。且曲发源于青藏高原唐古拉山脉东段北支5 054米无名台地东北处，行政隶属为青海省玉树藏族自治州杂多县结多乡。

根据这次科考，黄河以玛多黄河沿大桥为起算点，卡日曲最长的源头——那扎陇查河长度为362.63千米，比玛曲最长的支流约古宗列曲的长度326.09千米长36.54千米。以河源为远的原则，卡日曲应为黄河源头。卡日曲的流量是玛曲的两倍。卡日曲的上源为那扎陇查河，发源于青藏高原巴颜喀拉山脉塔鄂热西北2.2千米处，行政隶属为玉树藏族自治州称多县扎朵镇。

科考结果显示，澜沧江源区水系包括扎阿曲水系、扎那曲水系。以杂多县城扎曲上游大桥为起算点，扎阿曲最长的支流谷涌曲207.40千米，比扎那曲最长的支流加果空桑贡玛曲204.44千米长2.96千米。扎阿曲的流量是扎那曲的1.5倍。扎阿曲的流域面积比扎那曲大470.14平方千米。综上所述，扎阿曲的长度、流量、流域面积均大于扎那曲。因此，扎阿曲的上源谷涌曲源头为澜

鹰脸

沧江的源头，它发源于青藏高原唐古拉山北麓的采莫赛东部，行政隶属玉树州杂多县扎青乡。

回到北京后，我把这条消息告诉了还在青藏高原考察的杨勇。

杨勇听了这个消息时虽然有些吃惊，但他说，应对全球气候变化，为中国找水的考察结束后，他会把自己的测定向媒体公布。他会坚持自己对长江新源沱沱河尕恰迪如冰川的测定。按照这个测定，沱沱河的新源，比当曲的且曲长。

一个人的测定，和国家科考队的测定，是一种什么样的较量？经费、设备、实力、宣传、可信度……

判断，需要时间。

为一条大江寻源，包括了太多的内容。

认知、记录江源，不仅仅只有科研意义。对政治家、经济学家、科学家来说，是要应对全球气候变化，对普通人来说，拍下雪山的景色，是大自然美的分享。

在我们已经开始往回走的路上，视线中看到前方远处的雪山，不光让杨勇决定继续考察的路程，我们随行的几个人也马上调整了自己的时间，继续感受江源，继续认知雪山。

对我来说，还没有拍到像1998年在姜古迪如拍的那样的冰川博物馆，我不死心。

我听过很多去过西藏的人说的一种感受，一旦踏上了这片土地，就会被一种神秘所吸引。我想，这神秘中，有自然，也有文化。在长江源，自然的神秘有：雪山的神秘、冰川的神秘、河床的神秘、水流的神秘、水边那一座座山脸的神秘、河床里那一块块石头的神秘……山像长发女的脸、像埃及法老的像，石头像雄鹰的头，像老虎的脸……简直是抬头可见，低头就是。

这就是走向江源的路，走向雪山时看到的神奇。在江源，我们的车常常陷在泥里、水里。每当几位年轻人奋力地把车从水中、泥中解救出来的时候，我们的镜头中也留下了这些大山和这些石头。

回到北京后，我看到的另一篇文章，登在8月3日的《绿家园江河信息汇总》上。

我认为，这是一条应该引起国内外广泛关注的消息。所以我也抄录在此：

长在石缝中的江源植物

长江源区冰川加快退缩

来源：人民网——《人民日报海外版》2009年08月01日

□ 过去31年减少68.13平方公里

□ 最近6年急剧退缩164平方公里

□ 756条冰川大多后退有两条消失

□ 气温上升是冰川退缩的主要原因

本报讯　受全球气候持续变暖等因素影响，在过去的37年中，长江源头地区的冰川面积整体减少近233平方公里，最近几年锐减的势头仍在加大。

科学考察结果显示，1971—2002年，长江源区冰川面积减少了约68.13平方公里，由1 288.66平方公里缩小至1 215.53平方公里，31年间冰川面积总体萎缩了5.3%。而2002—2008年短短6年时间里，长江源区冰川面积又急剧退缩了约164平方公里，仅为1 051平方公里，冰川年消融量达9.89亿立方米。

三江源头科学考察队队长唐千里说，"长江源区共有756条冰川，绝大多数冰川表现为后退，其中有两条小冰川已经彻底消失。源区内的雪线高度由北向南，由东往西逐渐升高，昆仑山南坡平均雪线高度为5 345米，到唐古拉山北坡已上升到5 533米。"

长江源区生态环境地质调查项目负责人辛元红说，在冰川持续大规模消融中，长江源区的昆仑山玉珠峰冰川与1971年相比，冰舌退缩了1 500米，平均每年退缩达42.86米。唐古拉山口东侧

多种颜色的江源

这也是江源

冰川侧向最大退缩量为125米，正面退缩265米，与1970年相比，正面每年退缩量为7.57米，退缩速度惊人。

唐千里认为，冰川消融除受地理位置和地形条件控制外，总体上还与气候变化幅度有密切的关系。长江源区3个气象站的观测数据表明，近几十年来源区暖季气温不断上升，是导致长江源区冰川退缩的主要原因。

走在今日的江源，有神奇，也有寂寞。

纯洁、纯真的大自然希望人的进入吗？

认知自然，而不干扰和影响自然，是我们人类在漫长的演化中慢慢懂得的道理。

下面这些拍自江源的生命，生活在海拔5 000米的原野、小溪，天天都在经受着风雪和冰雹的洗礼。

认知它、记录它的人，同时感受着它们生活的空间。

明天，另一座雪山下的冰川是我们的目标。

25

AT THE HEADWATERS OF THE YANGTZE

追寻心中的

冰塔林

这江河源头河床里的水,一天中的变化要多大有多大!

2009年中国气象局发布的数据显示,西藏地区 7 月平均气温为1951年以来历史同期最高值,青藏高原部分地区气温较常年同期偏高 2 摄氏度以上,而西藏西部和南部的降水量较同期偏少3~8成。

西藏地区的高温在我们这趟高原行中,最大的感受是一条一条的河都干了。

傍晚冰化了这里就是大河

走在冰川的路上

河床里的红花

立体植物

这到底和气候变化有关吗？在我们的行走中，我已一再地感慨。今天，出发前我一遍遍地问自己，我还能不能再次站在冰川前，像10年前站在长江源头姜古迪如冰川前那样，细细地欣赏冰塔林。

没有想到，2009年7月13日这一天，竟成了我人生面临巨大挑战的一天。

这一天，在海拔5 400米的青藏高原，为了见到长江源的冰塔林，我徒步从早上10点走到了夜里2点，走了16个小时。经历了8～10级的大风，也经历了大风中打在脸上生疼的冰雹狠狠地砸；还有，闯入齐腰深冰河的急流；天黑后迷路中大风、冰雹一股脑地袭来，让人站都站不住……

7月12号，我们是本来已经在回程中，又看到了远处的一片雪山，然后决定再次寻找新的冰川的。这被杨勇称为长江内流河的发源地，没有名字的雪山、没有名字的冰川、也没有名字的长江源区的一条条支流。

记录这样的处女山、处女水，对于科学考察来说，当然意义非常。

没有和杨勇一起拍到姜古迪如冰川化成了什么样儿，没有亲眼看到我1998年拍到的江源的冰塔林已经完全没有了，总不相信是真的。如果没有今天临时决定向这新的冰川走去，可能会是我此行最大的遗憾。那么，继续寻找，并拍到江源的冰塔林，就成了我们向又一新的江源冰川走去时，我最大的渴望。

专家们说，在全球变暖的大背景下，今年入

夏至今西藏极端高温事件的增多，有偶然性，也有必然性。虽然气候变化是全球性的问题，但由于独特的地理自然环境，青藏高原已经成为受气候变化影响最为严重的地区之一。不过，随之出现的冰川减少以及生态环境的恶化，至今并没有得到应有的关注。

走在江源的我们对此的感受呢？一是几乎每天都是走在冰川下干干的河床里，二是天天都能看到河床里开着的、五颜六色的花花草草。

记者1998年我第一次到长江源，走在江源干涸的河床里时，向导欧跃不时的就会把跟着我们一起走的牧羊犬抱在怀里。后来我问他，在海拔5 000多米的高原上，自己走已经很累了，为什么还要抱着狗走，它自己不是跑得挺欢的吗？

欧跃告诉我，江源过去都是草甸，他的狗是走在软软的草甸上的。现在草越来越少了，成了硬硬的荒漠。河床越来越干了，狗走在硌脚的石头上，走多了它会疼的。已经过去10多年了，欧跃当时和我说时那对狗心疼的表情，我还记得。可这些天来，看着眼前比10年前更硬的荒漠、更干的河床，我在想，走在今天江源路上的欧跃，不用再把狗抱在怀里，狗差不多能适应这新的江源了吧？

看山跑死马这句话，今天在江源，我是用生命的代价在感受着的。

早上10点出发时，连杨勇也说远处的雪山冰川我们三四个小时能走到。不过，今天这位地质学家的判断也出了误差。

此行年龄最大的我，怕拖大家的后腿，况且前两天还走得差点没晕了一次。所以从一出发，我就一个

看山跑死马

试试能过吗？

人先往前赶着走。笨鸟先飞嘛。走了三四个小时后，杨勇和几个年轻人在山上休息，我也没敢停下脚步。我心里的目标就是今天一定要走进冰塔林、要拍到冰塔林。

我是个心里有了明确的目标后，向目标走去的速度，就是能走多快就走多快的人，不管在平地还是在高原。

没有到过江源的人，可能很难想象河床里的水一天从早到晚的变化能有多大！

这点，1998年从长江源头的姜古迪如冰川坐着皮筏子往下漂流时，我就深有体会。早上起来，站在帐篷外面看身边的河里没有水，不代表河里就真的没有水了。因为，到太阳公公出来，冰川经它的照射，开始一滴一滴化着时，河里的水就要开始了它一天一次的生长期。

1998年我们从长江源往下漂时，为了赶路，河里没有水的上午，我们这些第一支长江源女子漂流队的女士们，扛着皮筏子在高原5 000多米的河床里呼哧呼哧带喘地走过；晚上水多了，我们的皮筏子也有在激流的旋涡中上上下下地起起伏伏，本已忍受着高原冷的我们又要整个身子置于水中。

我们这次的江源行，每天看到的却是网状水系的河床里，连下午、傍晚也是干干的。哪还有激流，哪还有旋涡，有的是我前面说的，藏民们要到寺里请喇嘛们去他们家那儿求雨。

今天，走向江源冰川时，我发现越往冰川前走，水也越大了。

不过，可能是因为太急切地想看到、拍到冰塔林，直到同行的摄影师周宇告诉我，已经是下午5点了的时候，我才明白怎么水越来越大了，是因为从上午10点开始走，我已经在海拔5 400米的高原上走了7个小时。这7个小时的太阳，晒着我，也晒化了江源的冰川。这化了的冰川让江源的河越来越大，也越来越宽了。

今天的江源，还是一天就要经历一次生长期的大河。

地上江源河床里水的变化，和天上的太阳有着非常直接的关系。没有到过江源的人，能想象得出来吗？

看着越来越大的水，周宇对我说：不管你多想看到冰塔林，我们最多也只能走到6点钟，这样的话，回去就是和来时能走一样的速度，我们也要在夜里两点钟才能走到我们帐篷所在的扎营的地方。

冰川就在眼前，走到冰川前，就有可能走进冰塔林，就能拍到我10年前在长江源头拍到的、像冰川博物馆似的冰塔林。可是，被太阳晒了一天的冰川，把细细的河水变成了滚滚的激流，横在我们前往冰川的路上。

水越来越大

离开后的回望

　　还有一个小时，看到已经不顾一切也要靠近冰川的我的劲头，周宇拉着我边往滚滚的冰河里趟，边警告着，水没大腿就不能走了！水没腰一定不能走了！

　　这时，冰川融水的冷，对我来说不在话下。可是，水很快就没了我们的大腿。水之急，让相互拉扶着的我俩站着都东倒西歪，都有可能被冰川融水汇成的激流冲走，就别提迈步了。

　　激流的水到了我俩的腰，可是要拍到冰塔林的渴望还在支撑着我：坚持、坚持，站稳、站稳，往前迈一步，再迈一步。

　　那一刻，我想的最多的不是人倒在水里怎么办，我游泳的水平不错。让我担心的是挂在脖子上的相机，我要是被激流冲倒在水里，它和我一起掉在了水里，我还能爬起来，它要是不工作了，那冰川可就彻底拍不成了。

　　所以，在试图一定不能被激流冲倒，一定要在激流中站住，在激流中行走时，我的一只手在找着平衡，另一只手就紧紧地抓着我的索尼400D照相机。

　　水，激流中的水又往我们的腰上没了一些，我俩被巨大的水的冲力冲得再也无法站得住，无法迈步。我不能不面对现实，也不得不从激流里挣扎着走向河边。我的眼里，我的脸上，不知是被激流溅起的水弄湿了，还是被自身产生的"水"湿了。

　　走出激流，一屁股坐在江源河边的我，望着在高原上走了8个小时以后，已经看得清清楚楚的冰川，无言地坐在地上。我没有捶胸顿足，而是在一遍一遍地问着自己：10年才来一次的冰川，越来越少的冰川，好不容易看到了，可我又和你失之交臂？

这时，我看到了走在我们前面的陈显新，那么远、那么小的他，一步步向我们走来。走到我们跟前时，我迫不及待地问他，你走到冰川脚下了吗？你看到冰塔林、走进冰塔林了吗？你没有被冰川融水汇集起来的激流拦住？

陈显新站在我说的、已经感觉近在咫尺的冰川前的激流边告诉我：再有两个小时我也走不到冰川前。他虽然走到了，可冰川脚下的更大的融水汇集，让他无法靠近冰川。他也没能走进冰川，也没有看到我形容给他的、我1998年看到过的冰塔林。

2009年7月13日下午6点，望着冰川，望着激流，望着周宇和陈显新，我不得不告诉自己，这次的江源行，我拍不到11年前拍到的姜古迪如那样的冰塔林了。这遗憾，不知仅仅是这次，还是永远。

当周宇一再提醒我回去还要走8个小时，天黑了后，还有可能迷路时，我真的没有想到问题的严重。那时，我满脑子里装的都是我要拍到冰塔林。

江源的天10点钟才黑。当天真的黑了时，我觉得白天的我有的竟是两条飞毛腿，不然怎么能走那么多的路。往回走时才发现，来的路真远，来的路真长，来的路真难走。天黑了，这路怎么就走也走不到了。

走不到了，我让同行的周宇、陈显新不要管我，先走吧，省得我们谁也走不回去了。

走不到了，最怕发生的情况发生了，我们迷

跨不去的冰河

了路。高原上没有路灯；江源网状水系的激流随时会让我们陷在水里再也走不出来；江源上深一脚浅一脚的凹凸之地，让我们不知脚下的路会把我们带到哪儿去。

走不到了，近10级的大风中，站着无法和大风抗衡的我们就蹲着，就3人抱在一起，还要越抱越紧。因为除了要抵御大风，我们还要扛着躲着随风而来的冰雹的袭击。不抱紧，这冰雹的袭击，就砸在了我们的头上，砸向了我们的脸。

风稍微小一点，冰雹稍微小一点时，我们还得往前走。迷了路，摸黑分辨着还得往前走；高高低低的路，深一脚浅一脚，我们也得往前走。

我们知道，此时帐篷里的杨勇他们一定会出来找我们。我们是一个团队，杨勇虽然不是个好的领队，但他不会不管我们的死活。到了夜里12点多的时候，我们看到了前面手电筒发出的亮光。我们知道，走完今天要走完的路，有了希望。我们没有被风吹扒下；我们没有陷在激流中；我们没有迷路迷得失去方向，在等到杨帆和袁晓锦来迎我们之前。

可是，就在我们看到了希望后，在杨帆和袁晓锦打着手电筒走到我们跟前时，一点劲儿也没了的我，有着腰疾的我再次说：你们先走，别管我了。我实在走不动。深夜12点，意味着我今天已在海拔5 400米的江源走了14个小时。55岁的我，自认身体很棒的我，做什么事认准了就能死磕的我，走不动了，也不想拖累着大家。他们还都是年轻人。杨帆说，前面的路还远着呢，不管你了，可能吗？

4个年轻人没有选择让我一个人慢慢走。我被他们拉着，准确地说是被他们拖着，在夜里两点钟的时候，在极度疲乏、迷路、天黑、大风、冰雹中，竟然和去时一样，也用了8个小时走回到我们的帐篷。

杨勇冷冷地朝我说了一句：回来了。我没有理他。我生他的气，你不是说走三四个小时就能走到冰川吗？你带我们来的，你说的要找到新的江源内路河的源头，你怎么没走到冰川就不走了。

这一夜，接下来的大风和冰雹不管怎么刮，怎么砸在我们的帐篷上，怎么发出疯狂的吼声，我都觉得没有危险了。我没有写今天江河信息的劲儿了，倒头睡了过去。隐隐地听到杨勇在说：今天我们虽然没有走到冰川，但更清晰地看到了长江内流河与外流河发源的关系。这对我们认知长江，是一个重大突破。

虽然躺在睡袋里的我累得连说一句话的劲儿也没有了，可我的大脑倒还有劲儿想。想什么？想，今天认知的大自然；想，当年在《新京报》上发起敬畏自然的争论时，那些持敬畏自然是反科学、反人类的人，在高原上对自然也敢不敬畏吗？想，没有在长江源拍到冰塔林真是遗憾、遗憾。

明天，我们将如何从江源走出去，那会是又一次记录的突破吗？

26

应对全球气候变化，

AT THE HEADWATERS OF
THE YANGTZE

为中国找水

风雨中遇到牧民

在内流水系湿地中寻路前进

荒野，能让你知道什么是大自然博物馆。

2009年7月14日早上醒来，我和新华社记者刘伊曼放在枕头边的相机都泡在了水里。

这一夜，风大得很。虽然我已经累到了极限的边缘，但还在努力紧紧贴在地上，用劲儿压着我身下的篷布。夜里，我感觉到了水已经湿到了我的睡袋里。虽然冷得要命，可昏昏沉沉睡着的我认为，帐篷里的水不会像激流似的把我冲走。而那大得吓人的风声，让我担心，这风会把我们的帐篷掀翻，也会把我们连人带帐篷一起刮走。

相机镜头上全是雾、取景框全是雾。昨天没有被激流冲到水里的相机，这一夜静静地就被水浸透了。不光我走出江源不能再让它尽力了，我已经答应的，走完这次高原，就把它送给索加乡书记安东尼玛的诺言也要泡汤了。

不幸中的万幸是，杨勇的相机还可拍照。一早上，他都沉浸在昨天我们看到的冰川，沉浸在对长江内流河与外流河分界地的分析上。

当然，在我们这次的考察中，让我们每一个人都在越来越担忧的还是江源生态的变化。此行中大多数人都是近10年来多次走进世界第三极青藏高原的人，都活生生地感受到江源的水少了、草秃了、冰川看不到了。

8月从江源回到北京后，在"绿家园江河信息总汇"上，我看到长江面临挑战的信息，有全球气候变化对长江源冰川的影响，也有长江将要面临的大暴雨。

新华网北京8月5日电（记者姚润丰）8月1日以来，四川、重庆、湖北、陕西等地持续强降雨，部分地区降了大到暴雨。国家防汛抗旱总指挥部预计，8月7日，三峡水库最大入库洪峰流量可达56 000米^3／秒左右，为长江上中游干流2004

年以来最大洪水。

据监测，受强降雨影响，长江上中游的金沙江、大渡河、赤水河、嘉陵江、涪江、汉江等主要支流先后发生洪水，长江上游干流发生超警戒水位洪水。8日8时，长江上游干流寸滩水文站水位涨至181.48米，超过警戒水位0.98米，相应流量51 900米³／秒；三峡水库入库流量51 000米³／秒，出库39 100米³／秒；长江宜昌水文站水位50.97米，低于警戒水位2.03米，相应流量39 800米³／秒。

1998年我到长江源时，当地的牧民告诉我，那年的冬天和春天江源遭了白灾。这是牧民们对雪灾的说法。那年到了夏天，长江中下游的特大洪水，让长江中下游的人民生命和财产都受到了严重损失。

江源的雪灾和中下游的洪水到底有没有关系，有什么关系？这些年我在采访科学家时总会问问这个问题。他们的回答都是：这要进行科学考察和研究后才能回答。

遗憾的是，对青藏高原的考察与研究，现在实在是太少了。前面我们说的，在三江源自然保护区里，竟然还看到花150万元装备的索加太阳能电站、索加自动气象观测站和索加野生动物疫源疫病省级监测站闲在那6年了，因为没有人会用里面的设备，甚至电脑的基本操作。而三江源自然保护区，具有那么多特色，在整个地球上起着重要作用的第三极，还有3个和索加一样的观测站也闲在那儿。

长江源的雪灾与长江中下游的洪水到底有没有关系，近20年来持续进江源的杨勇有他自己的观点：冰川和雪是气候作用的产物，同时是气候变化的显著标志，也是江河发源的最初源流，是形成持

内流河流的网状河床

内流河流的岸边崩塌

续径流的基本条件。在长江源，冰川是青藏高原自然环境演变的晴雨表，也是全球气候变暖的缩影。近年来全球气候持续变暖的趋势在冰川分布区引起的变化尤为敏感，表现为长江源冰川大部分处于退缩状态。根据近年来的野外考察和航片、卫片研究对比，沱沱河源姜古迪如和尕恰迪如两大冰川群的大型山谷冰川群的冰川呈放射状伸向各谷地，冰川面积超过30平方公里的有6条，均呈退缩状态。

杨勇认为，这个夏季走过高原的许多地方之后，考察队发现，如今的青藏高原，雪线已经升至海拔5 900米左右。而在过去，地球上一年四季都冰雪覆盖的雪线大约为5 500米。现在我们走过的一片片牦牛栖息的青翠草地，过去长年都覆盖着厚厚的雪，是冰天雪地的无人区。

同行的新华社记者刘伊曼在她的文章中这样形容：因为雪线的升高，这些生命力顽强的游牧民族将人类生活的足迹印在了越来越接近天空的位置。

杨勇还认为：长江源冰川的加剧退缩可能会导致"亚洲水塔"地位的坍塌，改变江源水系的分布格局，甚至失去源区河流水源的补给条件，使源区自然环境演变向时令河—内流河—荒漠化—沙漠化过程发展，最终形成与可可西里荒漠区、塔克拉玛干大沙漠、罗布泊荒漠戈壁相连的干旱区。

长江源的雪灾与长江中下游的洪水到底有没有关系，还需要有志于世界第三极青藏高原考察与研究的科学家的关注。我们这次在长江源区碰到的牧民，一个个都在和我们提及2009年4月、5月江源连续十几天的大雪，让仅是长江源一个小小的岗尼乡就死了10 820头牲畜。2009年进入雨期后长江中下游

江源折海底生物化石

又是一次次的大洪水。这真是和1998年我第一次去长江源头，春天源头大雪、夏天中下游大涝的情形很相像。

前两天我们在沱沱河水文站采访时，我和新华社、中央电视台的记者问水文站站长叶虎林：从你们的监测看，全球气候变化在沱沱河有什么反应？

叶虎林说：我们的工作就是记录，不做分析，所以到底有什么变化我们也不知道。就连在墙上的水文图也是上面发下来的。

叶站长还告诉我们，各水文站对于长江的几条支流，布曲是进行旬测，即10天一测；沱沱河主要是在汛期测量和记录；通天河每年测一次；而当曲根本就没有测量任务。所以，长江的这些源流近年来水文环境的具体变化，对长江而言水量比重各是多少，水文站都不掌握。

和我们一起去采访的杨勇，在看过水文站的记录之后说，水文站现在的监测和记录对于防汛来说，有些价值，但是对青藏高原水资源的基础性研究，却缺乏学术意义。现在我们对于这些河流的认识，都是模糊不清的，只能凭零星的记录和直观了解说出一个大概。

青藏高原除了是我们中国的水塔，也是解开地球许多奥秘的钥匙。我近距离接触青藏高原也有20年了。如果让我这个记者给青藏高原下个定义，我会说：青藏高原是大自然的博物馆。前些天我在《绿家园江河信息总汇》里展示的五颜六色的花，拍到的有着人头像般的山和各种各样像极了不同动

找水路

冲出来了

物的石头，是不是都在向我们昭示着那里是大自然的博物馆！

　　站在高原，特别是站在大江大河的源头，除了有着置身于大自然博物馆的感觉以外，我还非常想表达自己的另一种心情。即：大自然的荒凉不可怕，而研究的荒凉，到了21世纪的今天，到了全球气候变化能让100多个国家的首脑去参加一个有关气候变化的大会的今天，江源研究的荒凉、世界第三极的荒凉，却冷得让人觉得可怕。

　　7月14日，我们离开新发现的江源雪山冰川时，天就开始下雨。而这场雨不像往常那样突然而至，瞬间就走。这场雨，一下就是一天。这一天的雨，可真把我们害惨了。

　　海拔近5 000米的江水，让走出江源时同行的几个年轻人经历了巨大的考验。

　　越野车刚刚冲出一片大水面，又陷进了泥泞。一会儿穿上了防水服，一块往车轮与泥泞中塞木板；一会儿又紧握"猴爬杆"千斤顶，一下一下地压，把轮胎从泥里"揪"出来。

　　平时在内地有一次这样的陷车就会让人烦透了。可是在江源，这样的陷车是随时随刻、随时随地的。有时觉得挺好的路，可就是暗藏杀机。江源很多地方过去是河，现在虽然干了，没水了，但却还是湿地。当年红军过雪山、草地时，人都走得陷了进去。我们现在是汽车，稍不留意，就有可能走到

高原冰河

了能把整个轮子都陷进去的泥潭里。

自由摄影人周宇和旅游卫视的杨帆，每次陷车后放下千斤顶还要扛起摄像机，高原上的这些场面，越惊险、越难、越值得记录下来。只是，每每回到车上时，他俩都是浑身湿的，哆嗦的话都说不出来了。

这样的考察，我认为记录下来的不仅仅是江源史，也是人类与自然相处，人类认知自然的历史。只是不知后人会怎么看待我们这样的，一个科学家，加上一堆记者的考察。

1998年我第一次从长江源考察回来和一位美国朋友讲我们考察中的经历。她说：你们不是在探险，是在冒险。那次她还问我，你知道探险和冒险的区别吗？

这次如果再有人问我这个问题，我要反问的可能会是：你知道国家考察和个人考察的区别吗？

这个话题我们后面再谈。

当夕阳西下时，我们这天再也不能走的原因来得有点让我们猝不及防。

天好不容易晴了，可一天的水中行，让我们的车终于发出了最后的"吼声"。

当时，我和陈显新坐在车里，袁晓锦开着车。先是我听到了一声像是轮胎撒气的声儿，被大家称作猴子的袁晓锦也听到了。正当我们打开车窗看是不是轮胎出了问题时，只听前面车上的人大喊大叫了起来：车着火了，车着火啦！

我们几个都还没从车上下来，前面车的人已经拿着灭火器冲了过来。火很快被扑灭了。可是再发动车，任凭你怎么摆弄也不肯再走了。会修车的杨勇拿它也没了办法，初步诊断是打火器烧了。

现在的车都是电路的，一个环节出了毛病，整个车就全趴下了。一路上，每当我们冲出快要淹没车身的水面时，都会夸夸这辆帕杰罗就是皮实。看来，再皮实的车，也经不住我们这么造呀！怎么办？

一顶帐篷，就在这关键时刻出现在我们的眼前。刚刚车着了只看到了烟没有看到火的我们，眼前的帐篷，却是静静地支在傍晚天幕的"燃烧"中。

扎营后，我们走进了父子两人在江源放牧住的帐篷里。走进这暖暖的帐篷中，我嘴里蹦出的话是：有火就有了希望。

我从一个职业记者，到开始走上关注环境、关注自然的路，就是因为曾看见了蓝

今晚有地方住了　杨勇摄

天白云之下，在自己的家园中自由自在生活着的野生动物之后，又看到了我们人类对它们的杀戮。那一刻，那强烈的对比，让我不能不下决心，这辈子要努力为留住大自然的美，做我能做的一切。而今天，经过一天的冷，一天在冰水中行，眼前的火，对我们来说就是家，就是温暖的家。在高原与野生动物同在的人，也有他们的家。我们走进的，就是和野生动物生活在同一空间的牧民的家。

因为语言的障碍，我们和这父子很难交流。从帐篷里堆的东西看，这里只是他们夏天放牧临时的家。两个成年男人，就住在这样一个外面是苍茫大地，帐篷里只有一张"席"的空间里。他们知道外面的世界吗？他们对我们这些外来人的什么最感兴趣？

一个晚上，他们都在用羊皮囊做鼓风机，吹着河滩上拣来的小树棍，把个帐篷烧得红红的、暖暖的。我们用他们的火、他们的锅煮了我们带来的方便面、方便粥。没有准备晚饭的爷俩也端起了我们为他们盛的面吃了起来。

我问那位父亲：吃得惯吗？他笑了，但没有回答。我又问看起来20出头的儿子：吃得惯吗？他也笑了，还是没有回答。

在这原来可能是河的地方，现在是干干的地。晚饭前，我们也到帐篷外去捡树棍来烧，可捡了半天也没捡回来几根。吃完饭，我们让还在慢慢地用一只手压向另一只手，手里的羊皮囊就能吹出气的动作停下吧，捡点柴不容易。可小伙子还只是笑，并没有停下手中这已经鼓弄了一个晚上的动作。灶塘里的火光，把小伙子的脸映得真红，他的眼睛真大、真亮。可眼睛里面闪得光，我们无法读懂。

这一夜我在帐篷里和这两个牧民父子同眠。

接下来的一天，我们的车在江源的泥泞里开了整整一天后，卡在了一段激流的斜坡上，漫漫长夜我们是在车里过的。

27

AT THE HEADWATERS OF
THE YANGTZE

冰川、江河

气候变化标识性产物

路遇指示牌，不知另一队人马发生了什么险情

　　2009年7月15日，在牧民帐篷里睡觉的我们，是被一声接一声的羊皮囊"鼓风机"的吹火声叫醒的。

　　躺在睡袋里的我，眼睛虽在望着随声音而起伏的火苗，脑子里却还停留在没有做完的梦中。我在中央人民广播电台一直做的是专题新闻节目，虽然节目中有时也会大量使用来自现场的音响，可是文艺节目我从未做过。而在牧民帐篷里睡的这一夜的梦里，我却在中央广播电台的录音间里录制交响乐。以至于都睡醒了，我还依然陶醉于录制交响乐的兴奋中。

　　太奇怪了，我对走进帐篷里的杨勇说了我的梦。可能是因为牧民帐篷里有着久违的暖和与舒服；也可能是因为这些天，经历了太多的艰辛与冒险；因为江源的美丽；因为江源的生态正在面临着巨大的危机。这些加在一起，不就是一首交响乐吗？

　　想着梦里录的交响乐，我突然想问自己：最有民族性的也就是最有世界性的吗？最原始的也就是最现代的吗？江源牧民的帐篷和美国旅游区宿营地的帐篷有什么不同？

今天的江源如果没有人类生活，会是什么样子？今天的江源如果有了很多人，又会是什么样呢？

昨天刚进来时感觉脏、乱的帐篷，一夜的梦乡后，成了让我舍不得离开的地方。

长江，是我们的母亲河；冰川，是气候变化的标识性产物；荒野，是一个活的博物馆，展示着我们生命的根。可是，这里与自然相处的只有牧民。这是为什么？

问天、问地，谁来回答。

杨勇听着我的天问，也沉浸在他的思索中。他说，就是我们在海拔5 400米走了16个小时，盼望找到冰塔林的那天，他在雪山、冰川旁终于看清了格拉丹冬水系是怎么汇集而成的。这可说是我们此行的一大收获。

坐在羊皮囊"鼓风机"吹着的，一会儿高一会儿低的火苗旁，让杨勇感慨的还有：有那么多人被长江所养育，有那么多人关注长江，可就我们这么几个人，几辆破车来这里找水，来这里探寻长江的发源。我们走的江源路，都是从来没有被人类踩过的处女地。这是好事吗？

杨勇说：长江不仅仅只有一条正源沱沱河，也不仅仅是三源：沱沱河、当曲、楚玛尔河，也不仅仅只孕育于一座格拉丹冬雪山。我们不可能走近养育长江的每一条冰川，而养育长江的每一条冰川，又都需要我们去认知、去探索。当然，有关江源，我们永远也认知不完。这也正可警告

在牧民帐篷中躲避风雨，得到瞬间难得的温暖 周宇 摄

简单的一顿早餐就留下一堆食品包装垃圾

拖着着过火后的坏车走出湿地

我们，在大自然面前人类不能狂妄。

我们一行在江源时，每天的早饭都是杨勇做的。在牧民的帐篷里做早饭时，杨勇一边打开一包包的速食粥，一边动容地说：这么简单的一顿饭就要产生这么多垃圾。那么多政治家、经济学家、环保专家在谈论节能减排时，能不能也关注一下过度包装的问题。我们的地球容纳得下我们人类制造的这么多包装吗？

2009年7月15日上路时，谁都没有想到今天我们要和泥泞拼一天。

因电路燃烧着火的那辆三菱越野车，这一天只能靠拉着"开"出江源。而其他两辆能拉车的车，自身也已是伤痕累累了。

其实，如果我们一开始要是所幸就"放弃"它，其他两辆车先出去，找了替换的零件修好了再把它开出去，可能还不至于在泥里水里奋斗整整一天，到了天黑时，还是把它"丢"在了一个山坡上。但杨勇的决定，还是要和这辆坏车一起走出沼泽，哪怕拖着。

江源就是江源，虽然现在全球气候变化，冰川化了，湿地干了，但没有水的河床并不见得就没有了泥。如果说我们的车在水里还有冲过去的可能，可车要是开到泥里，就没有那么好往外冲了。

以往车一天陷在泥里多少次，我们总是要数数的。7月14日在水里穿行时，靠"猴爬杆"千斤顶和木板把车拉出水里、泥里的次数是12次。

可是7月15日这天，我们实在是数不清了。从早晨10点多出发，到了下午4点了，那个给了我们无比温暖的帐篷还在眼前。

同行的陈显新是一个房地产公司的老总。自从认识了杨勇，走进大自然成了他的业余爱好。他做事有板有眼，在我们的3辆车你拉我，我拉你，在泥里陷着、走着时，他一个人竟探路一直探到了公路上。虽然在等着他归队时大家着了急，可是自他探路回来后，我们一是知道了前面还有多远就有好路可走。这让我们看到了希望。二是哪儿能走、哪儿会陷，陈显新也愣是一脚一脚试踩了。这对后来我们的前行有着很大的帮助。

江源堆的这些铁丝网，在地上等待着被支起来做围栏。这真的是太让人匪夷所思了。围栏，最大的伤害是对野生动物的活动空间造成障碍。难道对江源的保护就是做这样的事吗？这和花150万元买的设备，建的观测站因没有人会用，一搁就是6年，有区别吗？

在江源，每天太阳的最后一丝光离去，都要到晚上9点半以后。这一天从上午10点多出发，到晚上8点40分的时候，我们终于拉着那辆坏车上到了土路上。

曾有人说，要想富，先修路。可台湾作家席慕容曾经在回到内蒙古老家时说过，路把家乡的文化也压碎了。

这些年我们国家搞村村通公路，可以说是花了大力气，也花了大价线。可是我们这些年在怒江采访，一位傈僳族小伙子对我说，修路的挖土机一铲子就把他们那里绿绿的大山给毁了，接着而来的就是滑坡和泥石流的灾害。可人们把泥石流都说成是自然灾害，是自然的吗？完全是人为的。

在江源考察时，我们非常大的挑战就是陷车。所以当我们的车重新走上人修的路时，随之而来的感觉是：有路真好。

人就是这样，总是以自己眼前能看到的、能感受到的作为标准。虽然井底之蛙的问题，是我们中国人从孩童时期就知道的。但能全面地看待自然与人的关系、自然与社会的关系，并不是只靠学习就能具备的素质。

从江源的沼泽地里刚刚出来，新的情况又来了。这一路用险相横生这个词真的是一点不过分。高原探险，别说民间独立考察，就是国家队考察，也会大说特说其艰难、危险。更何况，杨勇的江源考察，那是一个人的考察。

这是前两天，同行的人中有一位有高原反应，另外两个人陪着他提前开着一辆车先出来了。这是他们写的，不知发生了什么事情。这时，路虽然好走了，但大家的心又都提到嗓子眼儿。

天下起了大雪，因为几个人的相机都湿的湿、坏的坏，我们没能拍下路上的雪景，甚是遗憾。这场雪下的真的太美了！可是也是这场雪，让我们的路途又多了几分险，加上着急，路显得

找

越走越长。

　　天完全黑时，我们拉着的那辆车在一个高坡前停住了。这唯一的路告诉我们，再有两辆好车，我们也无法把它拉到坡上。不能犹豫，只有放弃。出去再找人来修。如果早一点放弃它，今天可能就不会这么惨。但有些事是不能用如果这个词的，特别是在高原。

　　当我们的车再次停下来的时候，是因为前面的桥被大水冲坏了，桥边也塌了一半。杨勇开的头车就卡在了那剩下的一半上，一个轮胎已经在路之外。

　　这时，已经是夜里两点多了。今天，我们真的是回不到乡里了。让杨勇快回的信儿，也只能等到天亮后，再去弄个明白。

　　眼前的大水还在涨，雨也在哗哗地下着。开始我们试图一辆车多挤几个人，凑合一下就不支帐篷了。可轮胎半个掉出了路面的车上，实在是不能再坐人了。剩下的一辆车上，五六个人挤了一会儿后决定：雨中搭帐篷。

　　无论是车里的，还是帐篷里的，这一夜，个个真的是在盼着天赶快亮。那几个让杨勇速回的同行者，希望没有出什么大事。

28

越过大水，

走出江源

准备拉出翻入冰河中的车 徐晓光 摄

拉 徐晓光 摄

2009年7月15日夜里，我们8个人在一条滚滚的江水边的车上和帐篷里等到了天亮。

相机坏了，手机派上了用场，拍下了我们听了一夜的，雨砸入的最初的长江之水情。

我们卡在塌了桥边的车，挡住了早上骑摩托车路过的当地藏民。他们车头一转，连绕带冲地从桥下的水中开去，就把这个涨了水的大江过去了。

我们学着他们，车从他们趟出的路、也就是滚滚的江水中也冲了出去，又上路了。

前一天晚上，我们离开那辆烧了电路、拖着也走不动的车时，被告知，因另外两辆还能开的车上已经没地儿了，而且已经只剩下半个小时的路，所以只能等到第二天再派车来取我和陈显新的箱子。当时走的匆忙，我采访的笔记本也在黑暗中留在了车上。

可是，离开留下了我的笔记本和行李的车后，半个小时的路程，我们走了足足两个多小时。这意味着要再去取，还要再回到发了水的路上，开4个小时的车。江源的考察，内容真是丰富呀！

两辆车终于带着伤，带着已经快用尽浑身最后一点力气的我们，到了岗尼乡的村口。远远地，我们就看到一个挂着拐棍的人站在村口，是徐晓光。正是给杨勇留信儿的人。

挂着拐棍站在路口的徐晓光告诉我们，原来，他们的车7月12日离开我们后，走出了沼泽，可走到昨天晚上我们因大水桥塌过夜的水边时，车翻到了河里。车上的3个人是砸碎了车玻璃爬出来的。还好，虽然都有伤，但并不重。他们请向导乌卓找了辆认识的大卡车司机把车拉了出来。

车上的另外两位等我们等到7月16日早上，也就是今天早上，实在不知道我们是不是也出了什么事，租了辆车先走了。而这3天里，徐晓光每天都像是上班似的，站在乡里唯一的路口，等着我们的归来。

翻到河里的车是不能开了。用此行只要车陷了最有办法，最有力气的李国平后来的话说，人虽然没事，但所有的电气设备，包括手机、两个高级相机、电脑全都报废了。手机里存的所有的地址也连同他们一起掉入水中捞不上来了。

到了岗尼乡，让我最着急的是怎么去把我的采访笔记本和行李取回来。我们自己还能开的两辆车，一辆要急着去离这里最近的县城安多，找能修"丢弃"在路上的那辆车的零件。如果我们的行李要是前一天挤挤放在车上，我们就可以和这辆车一起离开岗尼乡，踏上归程。可是……

另一辆是杨勇开的。此时，他的情绪，让我不敢再多和他说一句话。这种独立考察，对组织者来说压力太大了。杨勇是一个好的科学家，但一个大型活动，科学家和组织者集一人之身，搁在谁，也是巨大的挑战。那一刻，我只有同情他，不能为他分担什么，也别找麻烦了。

一位岗尼乡学校的老师告诉我，他们学校一位老师的丈夫自己有辆车，可以帮我去拉行李，再把我们送到安多县。800元来回。虽然这钱花得有点冤枉，可是那一刻，人家即使要8 000元，我想，我也会照给不误。因为这是我可以做到。不像我们的车陷在江源泥里时，我只能在边上看着。我身上仅剩下的那点力气，对把车拉出来起不了什么作用。

这时，另一件江源特有的事发生了。本来说在江源会有一个星期没有手机信号。可是我们在里面已经两个星期了。我让那3位先出去的人中的一位帮我给家里打个电话，说第二天我们就能出江源。可是我们在里面待了4天。所以一到岗尼乡，我们中的每一位最想做的事都是打电话。不管是古代还是信息时代，家书同样都是要顶万金的。

可是，在乡里，我的手机没有信号。

我问那位叫达娃次仁的小学老师，这里不是离青藏铁路不太远吗？手机怎么一点信号都没有。他说，学校的女厕所那儿有时能有信号。这时，即使男厕所有信号也行呀。可是，我的手机在女厕所门口，在女厕所里面都没能

上路

去时拍到的、昨天"丢弃"被烧坏了保险的车的地方
杨勇 摄

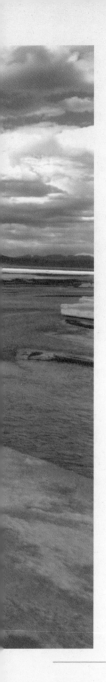

让我和北京、和家里联系上。

达娃次仁说别急，在我们一个老师的家把手机贴在门上能行。我们又跑到了那位老师的家。在海拔也快5 000米的岗尼乡，那时我已经到了说跑就跑，竟然不喘的水平。照着那位老师说的，我把手机贴在了门上，这时心开始嘭嘭地跳了起来。两个星期没和家里、没和北京联系了。

手机是要贴在门上拨号的。在长江源头的这个乡，我对什么是因地制宜有了更深的体会。并纳闷，这法子是怎么发明的呀？有没有申请吉尼斯纪录！

丈夫的声音从贴在门上的手机里传出来。我一激动，把手机从贴着的门上拿到耳朵边，声音立刻断了。屋里的主人告诉我，手机一定要贴紧门，稍微松一点都不行。我再次让手机紧紧地贴在了门上。这一贴，贴的是手机，还是什么，我的眼泪模糊了双眼。

我太佩服发明这种打手机办法的人了。

通完电话后，达娃次仁说他也和领导请了假，还有学校的另一位叫扎西的老师，也愿意与我们同行。因为要帮我们去取行李的这辆车是两轮驱动，要是陷了车，一个司机是不行的。他们告诉我。

当时一是心急，一是觉得已经是在有路的地方了，又不是江源的沼泽，还能有多陷，就上路了。我不开车，也不知道四轮驱动的车和两轮驱动的区别到底有多大。

我们这辆两轮驱动的越野车开在了江源的荒原中。有3个藏族小伙子陪我一起去取行李，还有雨后高原的蓝天、高原的草甸，我的思绪像是高原的野生动物似的漫无边际。

聊天中我知道，3个藏族小伙子中有两个都在内地上过学，当过兵。所以我说的每一句话，甚至每一个字，他们都是在瞪着眼睛听的。见过外面的世界后，对于现在重新生活在江源乡里的他们来说，可以想象，想知道外面世界的渴望有多强烈。其实，我们各自对对方，都有极大的吸引力。

对我来说，在黄河源时，我们还有很多机会和会说汉话的藏族人打交道。到了长江源，碰到的藏族人能讲汉话的真不多。这两个在外地待过的人，马上成了我了解江源的渠道。3个人陪我去取行李，开始觉得太夸张了，在车上没聊一会儿，我就高兴坏了，因为听到了太多的事。

听我讲了一会儿后，我对他们说：你们一一讲来，你的家庭，你的生活，

路上土的颜色也是不一样的

高原的今天。话匣子打开了。

达娃次仁是在乡政府工作，他在说到下面做工作最难的是什么时，讲了一户人家的故事。这户牧民，家里有150头牦牛，6 000多只羊。当地牦牛的价钱是2 500元一头。但是他们家里，连个咸菜坛子都没有。达娃说：用你们汉人的话说，他们家里面就是一贫如洗。我每次去他家都动员他们卖牛、卖羊，弄点钱花花，可是那个难，就别提了。为什么呢？他们的想法是，卖了羊，钱一下就花了，钱不能生钱。而牛呀、羊子，今年200只，明年就可以400只，是可以翻番的。可以成群的。

达娃说，今年雪灾，这户牧民家一下死了很多牦牛和羊。要是牛羊出栏了，不会有那么大的损失。但他们不在乎牛羊冻死所造成的这种损失，只认为卖了，钱也就花了。

达娃说，这就是牧民的逻辑。他现在的工作，有很大一部分就是动员牧民们的牛羊出栏。

经常要下乡，常常是走在江源的达娃说他碰到过棕熊。我正等着听他讲见到棕熊的故事，听得正来劲时，开车的仁青次仁说，前面桥边的路断了。要从便道走。

在江源，什么是便道？不是修的，是压出来的路。

我们的车上了便道，比我们在江源的沼泽好多了。

谁想到，很快问题就出在了两轮驱动和四轮驱动的差别上。我们的车刚在便道上开了没一会儿，就拖了底。任凭司机仁青怎么加大油门，也没用。车光响，就是不走。

在江源，陷了车，我们有"猴爬杆"千斤顶、有木板。可这3个开着车来的藏族小伙子有什么？一个小的不能再小的千斤顶。再就是两只手和一身的劲儿。

我问：老在江源这种地方跑，怎么没有工具？

他们说，平时也就在乡附近跑跑，很少出这么远的远门。刚才就想着能和一个女记者跑一趟，也忘了拿着铲子什么的了。

没有别的办法，只有用手捧来一把一把的石头垫上，然后拉开架势用手推。他们推车时的表情，在我看来，就是整个地球，他们仨要使使劲，也能推得动呢！

3个藏族小伙子齐心协力，用手捧来石子，垫了差不多两个小时，连推带喊的，已经是我们该往回走的时间了，车，终于被他们从泥里、水里弄了出来。

虽然在江源陷车是常事，但是像这3位藏族小伙子这样，硬是差不多就是赤手空拳地把车从泥里推出来。让我形容一下那场面，就两字：神了！可惜我的相机坏了。不然拍下这个推车的全过程，绝了！还是两字就可形容。

有意思的是，本来已经没电的手机，让我捂着捂着又可以按动了，我拍下了在我看来只要一起使劲能推动地球的3个藏族小伙子。

感谢我的手机，我也没客气，只要它还能按动，我就一口气地按了4张。

我们的车再次开在江源的大地上时，我和3个藏族小伙子的关系已经到了开起玩笑的程度。在外面读过书的达娃和扎西都说自己是单身汉。一个24岁，一个28岁。他们问我北京有没有漂亮姑娘，一定要真正漂亮的。

我问什么样算是真漂亮？他们笑了，又接着问北京有吗？

我说当然有了，北京要多漂亮有多漂亮的姑娘都有。达娃说，她们能到我们这里来吗？我说来玩没问题，要待在这儿，我可就不知道了。

我说你们也可以到北京去呀。北京的姑娘一定也有喜欢藏族小伙子的。达娃马上说，不行，我父母都在安多，我不能离开这儿。复员后本来可以留在拉萨，我都没有留。在林芝当兵时，不吃饭也要排队用卡给妈妈打电话。有时打着打着，还会想妈妈想得哭。

父母在不远游，在藏族人心里是一条多么清晰而重要的规则。我们在黄河源的扎陵湖见到的那个长得也那么帅的小伙子时，当我问起他为什么不出去，他的理由不也是妈妈在家不能走远吗？

我让达娃接着讲他见到棕熊的故事。他却说起了2009年4月28自己过生日那天。当时正好下乡，他买了个蛋糕和两瓶啤酒，一个人在一个土堆上边喝、边想着妈妈。

这就是江源的藏族青年。如果不是听他亲自讲，很难想象眼前这么豪迈，能推动地球的小伙子还那么温情脉脉。

见到棕熊，在江源不算稀奇，我们要是运气好也能看到，达娃说。沉浸在想妈妈的思绪中好一会儿，达娃才开始给我讲起那次他骑在摩托车上见到的两只棕熊："我骑着摩托车正在下坡，一只熊见了我扭身就跑，另一只就躲在路边。当时熊和我都有点怕对方，对视了一会儿，谁也没发起进攻。在高原上，野生动物如果没有受到攻击，一般是不首先进攻的。因为要走路，也因为在我们家乡看到野生动物是常事，我看了一会儿，又上路了"。

达娃一说开，就有点刹不住车了。

"记得更有意思的一次是2006年冬天，那天我住在一个牧民的帐篷里，夜里就听到咔嚓咔嚓吃东西的声音。睁眼一看，是一只狼进来了，在吃东西。牧民没管，我挺困的也没有吭声，接着睡了。第二天早上起来，发现狼也在屋里睡了。屋里的主人起来后，冲着狼喊了一声。狼起来后，慢慢地扭了扭身子走了。就像这只狼是他们家养的似的。可那是真正的野狼呀"。

什么是人与自然的和谐？在江源，随处可见的。

到了前一天晚上我们的车陷了过不去的地方，也到了留着我们那辆着过火的车走过的地方后，我的行李和笔记本、陈显新的行李都拿到了。不过因为我的手机又没电了，用手猛捂着，放在怀里用体温加温，都没能让它缓过来。我也就没能拍下我们的车在那扔着时的样子。只能在这儿放一张我们去时，让我们玩疯了的地方的照片。哪想到，同一个地方，江源的大水，让我们去

傍晚的江源

时和回来有了那么大的变化。江源的水，说来就来地让我们的车有了过不去的坎儿。

不过，这时我已经很庆幸，我的行李幸好前一天没拿走。要不然我怎么能认识这么有意思的3个藏族小伙子。

扎西是老师，在天津上的中学，后来又考进了岳阳师范，毕业后回到家乡教书。我问他：在江源教书和在内地有什么不同吗？

想了一会儿，扎西告诉我，他在岗尼乡小学教藏文和数学。他说要是在内地教数学，讲正方形，桌子、板凳可以随便举例告诉同学什么是正方形。可是在江源，你给学生们讲正方形，他们会问，老师，什么是正方形？在他们的生活中是高高的天穹、是辽阔的大地、是无际的大草原、是河流、是牛、是羊，这些都不是正方形呀。

要不是听扎西说，城里人能想到在江源讲课会碰到这样的问题吗？是呀，生活在江源大自然中的孩子，让他们怎么联想什么是正方形呢？

扎西说，在班上他问过孩子们长大后的理想，90%是想当老师。对他们来说，能接触的就是老师，他们只是从书上知道有科学家，但想象不出是干什么的。不过，现在条件好一点儿的家里也开始有电视了。这会很快让江源的孩子知道外面的世界。

在城里生活过的扎西，对环境也很关注。他说，江源的水是比过去少了，现在雪灾也比以前多。还说，冬天没有过去冷，特别是他们守着一个废弃的煤矿，现在喝的水，喝了就肚胀。他也问我：这与那个废煤矿有没有关系？

真要再次感谢我的手机，也更深刻懂得了：功夫不负苦心人。手机被捂出来的一点电，让我又拍下这些画面。

扎西指着黑黑的水说，以前是听专家说江源的生态变化了。

现在，是我们自己看到了。我们小时候，这里的水不但是清的，里面还有很多鱼。自从外面的人到我们这里来开矿后，这水就成黑的了。你看看开矿的山的对面，草还是绿绿的。

那一刻，我眼前看到的让我真是没有想到，水黑了的河边，连草也不长了。而就在不远处，没有被开采过的山和草地，大自然完全是另一番景色。对比太强烈了。

3个人中只有仁青说汉话有困难，所以一路上他的话不多。只是听我们侃得热闹。仁青已经结婚了，还有3个孩子，两个小姑娘是双胞胎。达娃说仁青能歌善舞，要是穿上藏服可帅了。我说穿什么都是很帅的。

突然，仁青把车停了下来，一边开车门，一边跑着说：棕熊、棕熊。

我们都跟着下了车，朝仁青指的方向跑。我们的运气太好了，达娃边跑边说。

5 000多米的高原上，跑，对我来说还是有些困难。等我们下了一个大坡，朝着远处看时，只见一个胖胖的家伙一步一步地离开了水边，向更远处走去。

别说当时我只有手机，就是有相机，拍出来的棕熊一定也小得不容易看出来。高原的能见度太好了，那么远的一只熊也能看到。虽然没有拍下来，不过，我看到棕熊走时的慢慢悠悠的样子，真是太可爱了。

在回岗尼乡的路上，我想问问江源的人对开矿是怎么看的。达娃叫停了两辆摩托车，并告诉我，这辆车上的爸爸是乡里的大力士。

这是两个刚赶完集的家庭。如今的江源，摩托车的用处大着呢。因为他们还急着回家，我不能多耽误他们的时间，只是简单问了问，他们回答的也很简单：小时的水比现在清，开矿给开黑了。

我们这次在江源考察、采访，开矿对青藏高原的破坏一直是牧民们说得最多的环境问题。他们对全球气候变暖这样的话题弄不明白是怎么回事。但是说到开矿对他们家乡的影响，他们的话就很多。

还在过着和自然融为一体生活的牧民们，无法接受自己家乡的河变黑这个现实。可是他们希望我们能帮他们化验化验水这点事，因为没有设备，因为带回北京再化验就晚了，我们也帮不上忙，真是遗憾。

开过矿的山对面，大自然中的绿

　　牧歌般的生活，对于城里人来说是歌里唱的，可在江源，这就是一天天的日子。

　　我们回到岗尼乡时发现，大雨后通往乡里的路也被水淹了。而且听说我们要去安多的路上的一座桥也断了。

　　仁青和达娃决定连夜开车送我们直接去拉萨。

　　和扎西分手时，我的手机竟然又有电了。我的脸上已经有了很多高原灼伤，手机拍的照片也不清楚。可是这张照片是我此次应对全球气候变化，为中国找水拍的最后一张照片。江源的美，江源困扰当地人的气候变化对他们生活的影响，过度开发对他们生活的威胁，这照片会时时提醒我将要做的事。我知道，此次考察不仅仅是要记录，也希望引起更多人的关注，不仅在中国，也要在全世界。找水，也不仅仅只是为了我们这代人，也是为了我们的子孙后代。

后记

2009 年走了三江源后，黄河源的现状，让我起了要用十年的时间跟踪记录黄河的愿望。

2010 年，"黄河十年行"出发了。目标是用媒体的视角，用十年行时间，为黄河书写纪事。纪事的有黄河十年中的变化，也有黄河十户人家的变化。到 2014 年，"黄河十年行"已经五年了。

五年来，生态、植物、动物、草原、水利、冰川、气候、人类学、社会学等专家和记者们一起从黄河源头走到黄河入海口，记录着五年来黄河的变化。最值得说的，是"黄河十年行"在关注与黄河近在咫尺的腾格里沙漠中的化工污染四年后，引起了国家主席习近平的关注，并在 2014 年的国庆期间指示要处理腾格里沙漠污染的问题。

当然，"黄河十年行"遇到的生态环境问题，更多的还停留在我们的关注与纪事中。有些专家的理念和专家们着的急，除了通过媒体的报道以外，我在这篇《后记》里也说说吧，没准又让哪个关键人物关注到。

首先想传递的一个和主流说法不太一致的生态理念是：说到青藏高原的草原退化，不管是专家的观点还是媒体的报道都告诉我们：三江源由于过度放牧，已经造成了严重的生态破坏，导致草原退化、沙化现象日益严重。近年来，国家还花大量的钱在三江源地区进行实施了禁牧、生态移民的举措，为的是保护日益脆弱的高原草和正在退缩的冰川。

2012 年 10 月 22 日，"黄河十年行"的大巴课堂上，青海省果洛州玛多县农牧林业科技局朵华本局长给记者们算了一笔账，他告诉我们："在黄河源区玛多县，一只羊需要 28 亩草场来养活，一头牦牛需要的是相当于 4 只羊的草场面积，一匹马则需要 5 只羊的草场面积。目前，整个玛多县牧民养育有 12 万头牲畜，而整个草场面积其实可以养育 300 万头牲畜。"

朵华本说："眼下，就是算上现在这里的食草野生动物，也只有 20 万头。也就是说，按照现有的草场面积，还远远没有达到过度放牧的程度。"

长久以来，牧民根据他们所处的自然环境条件，形成了转场这种可持续的放牧方式，使得放牧过的草场有休养生息的机会。

牛羊也是天生的牧场管理者。它们健康时和生病的时候会啃食不同的草，这种选择性的啃食，使得草场维持较高的生物多样性；它们对草场的适度踩踏，控制着一些草原动物如鼠兔、草原鼠的种群数量，使得草场不被破坏；它们的粪便持续地为草场提供着天然的养分。

2012 年"黄河十年行"从玛多县城出来，一路上我们确实看到了由于国家的禁牧，这里的草场上除了不时出现的一只两只，一群又一群的各种野生动物，大都是空荡荡，渺无人烟。很少看到以往来时能见到的，牧民放牧的大群大群的牲畜。

朵华本局长说，如今，牧民们被移民到定居点，由国家每年发给每户牧民 8 000 元，连续发放 10 年。对牧民来说，离开自己祖祖辈辈生存的牧场，放弃了习以为常的游牧生活，来到城镇中的定居点，不但没有学会新的生存手段，一些人的生活境遇反而是一落千丈。

仅仅靠国家发放的补助，他们既维持不了原有的生活水平，也找不到新的出路。

不过，朵局长也说，现在虽然牲畜下降了，但野生动物增多了，尤其是藏野驴增多了。他认为，藏野驴对草原破坏较大，哪里有草哪里就有它，而且是成群的，但藏野驴是国家保护动物。现在虽然家畜少了，野生动物的数量却明显增加。

西北高原生物所研究员吴玉虎在我们问到您对高原上的网围栏怎么看时，他这样回答：就网围栏来说，政府是为牧民做了件好事，其初衷是好的，但结果我认为并不好。我恨不能一夜之间清理掉整个青藏高原的网围栏。

吴玉虎说：我先说好处。我问过牧民网围栏修了对他们有什么好处。他们告诉我，网围栏修了以后，各家草场界限明显，牧民之间少打架了。而且放羊省事儿了，不用一整天盯着。除此以外，再也没有其他好处了。铁丝网围栏，就是把成千上万吨的钢铁放在青藏高原，草原上的食物结构因它会有破坏。

网围栏后，最先受害的是野生动物。例如，青海湖有国家独有的普氏原羚，现在这种原羚可能只有几百只了。围栏以后，狼一追，普氏原羚就撞到围栏上去了。我们口口声声保护生物多样性，保护野生动物，保护三江源的一草一木。可是野生动物的遗传、迁徙、生存都被网围栏破坏了。

相比起来，人口更加稀少的可可西里的藏羚羊就可以自由迁徙。

我问吴玉虎：动物和草是共生的关系，可是现在很多围栏把草场围起来，一些野生动物不能进去了。您觉得这样对草场有好处吗？

吴玉虎说：不吃草，对草原不但不好，而且是最大的坏，因为整个草场要向别的方向演替。2007年我们专门采访过牧民。牧民把我带到他们的草山上去，告诉我这里的围栏围了两年了，外头的草有6厘米，里头的草最高的 4厘米。扒开枯草、黄草以后才能找到稀稀拉拉的几个小植株。一棵草一共3厘米，分成了三截，上面黄色，中间腐烂呈黑色，下面才是绿色。所以说，草一两年不吃就坏了，长不起来了。原因是老草、黄草、枯草遮住了阳光，下面发出的芽见不到阳光，一下雨，草丛里就积水，天气一热，很快就烂掉、坏掉了。牲畜不让吃，让野生动物吃也行，不吃是不行的，吃着才能促使草的生长。

那为什么还要这么做？我接着问。

吴玉虎说：大家的共识是三江源要保护。但关键是怎么个保护法。现在很多管理草场的人其实不懂草场。

我说：既然您有这么清醒的认识，可为什么像您这样的科学家很难影响决策？

吴玉虎说：我也说不上来。科研工作者的责任促使我们必须说，当然决策不在我们。

汪再问：作为一个在青藏高原上工作的科学家，您最想说的话是什么？

我想说，把网围栏拆掉，把没有利用的草场利用起来。网围栏干扰了野生动物活动，也干扰了草场的正常演替。

在我们的采访中，吴玉虎一直在强调，与大自然相比人类的力量太渺小了。这个观点与"黄河十年行"中的人类学家罗康隆主张的不应忽略人类对自然的影响，似乎有点相悖，不过细想想也并不矛盾。只是两者观察问题的尺度不一样。吴玉虎是从大的时空尺度看，自然界的冷暖、干湿、沧海桑田有其自身的规律，并不会以人的意志为转移。罗康隆则是从较小的时空尺度看，人类活动确实对自然界产生比较大的影响。

2011 年"黄河十年行"时，两位生态专家为高原鼠兔吵得一个比一个嗓门高，生态学家蓝永超认为：这种可爱的小动物却是破坏草原植被的一大害。它们繁殖能力超强，主要吃食草根，被它吃过草根的青草自然枯死。而且这种动物在干旱少雨季节的繁殖能力尤其强盛。

而在生态学家王海滨看来，鼠兔的积极意义包括：鼠兔打洞，疏通土壤，增加土壤的通透性，有利于水份下渗；鼠兔可加速草原生态系统的循环。其表现为，它吃草，粪便、尸体可以加速营养物质循环，如果依靠草自身的循环恐怕还要等几年，鼠兔可以令其加速。与此同时，鼠兔把草拖到洞的深处，草腐烂后，可增加土的有机质含量。此外，鼠兔的洞穴能为其他动物提供栖息的场所。

2014"黄河十年行"的大巴课堂上，草原生态学家刘书润说的是：现在的草原，都在以畜产品的产值为指标。我们跟牧民讨论这些指标与价值时他们说：我们家有5口人，我能说有600斤肉吗？牲畜是我们朋友，是我们的亲人。

刘教授引用的这种比喻，听起来有点邪乎。可其对牛、羊的认识，对草原的理解，是不是不像我们通常一说起草原，一说起牛羊，就想到的是肉，想到的是吃呢？刘教授认为，牧民是草原真正的生态学家，是真正的要维护我们环境的安危，维护草原的尊严，善待我们人类的朋友的专家。

刘教授还说：这不光是牛羊肉的问题，还有文化的传承。草原的价值，精神高于物质。草原的蒙古族牧民，从来不对牲畜说不客气的话，跟马说不客气话。你干什么呢？怎么能这样。最不好的话就是这个，从来不打骂牲畜。

刘教授说：蒙古族所居住的湿地，是不能动的。不仅不能够动土，就是连在河边晾晒衣服都是不可以的。牧民认为晾晒衣服能够招来雷电，河流的湿地是必须保持清洁、完整、不能动。

放牧必须远离湿地，在很远的地方扎蒙古包。牧民对河边湿地非常爱护，在河里的取水规矩是不能用铁器来打水，用木器在河里取水，水车是用木头搭的。还有很多规矩。比如，不能去河里洗东西，甚至洗手，洗脏东西是绝对不允许的。要洗的话，要舀水在很远的地方去洗衣服，不能在河里洗脏东西。

另外，黑夜，不许去取水，白天去取水。黑夜取水必须得向河行礼，说明理由。比如说，我孩子实在渴得不行了，需要水，才能取水。

牧民对河流是非常尊重的。对河、湖定期地祭拜，拜湖、拜河流。经过祭拜的河流和水湖，所有的鱼和虾是不能吃的。一般牧民是没有吃鱼的习惯的。牧民们买活鱼放生，再放到河里面。送丧的话，不能够跨过河流。还有水法。

刘教授说：我们的长江也是世界大河流。它的生物多样性按理来说应该是世界前几名的，也是世界最大的基因库之一。可是，现在我们长江早就不具备这个功能了，很多珍稀物种一个个消失。假使我们的长江真的像亚马孙河保持的那样，那对整个地球的贡献，对整个人类的贡献是相当巨大的。

我们可以算个账，到底是哪个合算。我们既不破坏它的生态系统，又能够从中得利，这是最合算的。现在我们利用黄河和其他河流，是以破坏它的生态系统为代价的，把生态系统完全按照人的意志来改造，以毁灭性的破坏为代价，真的是得不偿失的。

刘书润认为：目前，我们对黄河的生态系统没有一个全面的了解，包括自然生态系统和人类生态系统，这是一个很大的失误。

2012年10月20日，"黄河十年行"的一行14人到达西宁，汇聚在青海省气象局，气候中心的李林研究员、戴升高工，介绍了青海近几年的水文、气象变化。

气候变化对我们三江源的影响要保密。科学家的这一说法，让记者们有些没有想到。

问题是这样提出来的：在各种气候大会的国际谈判中受到最多的质疑是：中国现在成了世界碳排放最多的国家，甚至超过了美国。如果中国不大力减排，发达国家再怎么减也没有用。可是世界屋脊青藏高源上大江大河的源头受到气候变化的影响之大，却少有人知道、谈及。

青海气象局的领导听这个问题后马上说到：这要保密，不能让外国人知道。

记者们问：气候变化对我们江源的影响为什么要保密？戴升高工说：这是我们自己的事，不能让外人知道。他们知道了谁知道会干什么？

在全球气候变暖的大背景下，甘肃、青海和四川3省结合部分气候日趋干旱、地表径流减少、地下水位下降，对该地区生态恶化的原因进行研究，不仅是对一个地区性的实际问题的探索，而且是关系到全球变化的科学问题。

青海气象局研究员李林向"黄河十年行"的记者介绍说：青海是长江、黄河、澜沧江的发源地。和另外两条大河相比，黄河河源的形势更为严峻。

原因有四：

1. 黄河一半的水量靠兰州以上补给，因此江源的变化对黄河的影响最大。

2. 黄河上游降水依靠东亚季风，来自西北太平洋的水汽到达阿尼玛青山以后，由于山体抬升气流，形成山前降雨。而降雨量每年都在减少，黄河在玛曲的黄河第一拐的流速10年间降低了15.6立方米／秒。而长江依靠的是高原季风，来自印度洋的高原季风这些年呈偏强趋势，降水有所增加。

3. 黄河流域蒸发量增大，十年间的平均蒸发量增加了9.6毫米。那么整个江源地区增加的蒸发量就非常大了。

4. 气候变暖冻土层融化，李林介绍说，三江源地区降水量在300毫米以下的干旱区很多。冻土层是天然的隔水层，由于永冻层的存在使得降水量很小的江源地区发育了大量的湿地。现在，随着冻土层逐渐溶解，渗水层变厚，表层植被因湿地性质改变而退化，植被涵养作用减弱，会对河流发育造成进一步不利影响。

李林说，现在三江源的冰川退缩也很严重，但是对黄河的影响不是很大，因为黄河水只有1%靠冰川融水补给，而长江25%靠冰川融水。由于气候变暖，长江江源冰川融化加速，导致来水量增多。但这其实是个令人堪忧的现象，因为冰川融化到一定程度会出现水量拐点。

中国科学院寒旱所《冰川冻土》杂志副主编沈永平 2012 年和 2013 年都对"黄河十年行"的记者表示：冰川消融是令人担忧的新现象。

沈永平说：自从第一次冰川编目之后到 2008 年，全国已经有 5 797 条冰川消失了。三江源区大约有 130 余条冰川消失；87 条冰川分裂为 191 条新冰川。三江源地区冰川面积总的变化在 8% ~ 25% 。

沈永平分析：从 20 世纪 80 年代以来，三江源区气温以 0.02 摄氏度／年增温率持续上升；加之人类经济活动的增强，导致冻土呈区域性退化状态，尤其是东部和环湖区冻土退化速度比西部更明显。

冻土下界普遍上升 50 ~ 80 米；最大季节冻深减少了 0.12 米。冻土退化的总体趋势是由大片连续状分布逐渐变为岛状、斑状；多年冻土层变薄，冻土面积缩小，部分多年冻土岛完全消融变为季节冻土。

对此,沈永平结论是：气候待续转暖是造成本区多年冻土区域性退化的根本原因。沈永平还特别强调：青藏高原的冻土是千万年来地质过程形成的，一旦破坏掉，在我们及之后几代的有生之年都无法恢复原状。冰川和冻土的融化，短时间内会增加水量引发洪水。但这无异杀鸡取卵，在未来几十年会造成水资源短缺的危机。

专家们有关：禁牧对三江源来说并不一定是好事，恨不得一夜把江源的网围栏全都拆光；高原鼠兔大有可爱之处；冻土的融化与水资源短缺的危机的关系等，"黄河十年行" 的记者们对这些的报道，不知道是不是也能引起决策者们的关注。不管如何，还有五年，黄河我们还要继续走下去，纪事也会接着写。因为我们相信，终究有一天，专家们的呼吁会被人们听到并影响到决策。